专用于国家职业技能鉴定
国家职业资格培训教程
ZHUANYONGYU GUOJIA ZHIYE JINENG JIANDING·GUOJIA ZHIYE ZIGE PEIXUN JIAOCHENG

电子仪器仪表装配工
DIANZI YIQI YIBIAO ZHUANGPEIGONG

(技师技能 高级技师技能)

编审委员会

主　任　　陈　宇
副主任　　陈李翔　张永麟　李　玲
委　员　　史仲光　王宝金　陈　蕾　袁　芳　葛　玮
　　　　　刘永澎　冯宗奎　孔令球　东招仙　唐梦明

本书编审人员

主　编　　邢瑞楠
编　者　　马永利　邢瑞楠　张俊贤
主　审　　马灵洁

中国劳动社会保障出版社

图书在版编目（CIP）数据

电子仪器仪表装配工：技师技能　高级技师技能/劳动和社会保障部中国就业培训技术指导中心组织编写．—北京：中国劳动社会保障出版社，2004
　国家职业资格培训教程
　ISBN 7-5045-4671-2

Ⅰ．电…　Ⅱ．劳…　Ⅲ．①电子仪器-装配-技术培训-教材　②电工仪表-装配-技术培训-教材　Ⅳ．TM930.5

中国版本图书馆 CIP 数据核字（2004）第 086471 号

中国劳动社会保障出版社出版发行
（北京市惠新东街1号　邮政编码：100029）
出 版 人：张梦欣
*
北京外文印刷厂印刷装订　新华书店经销
787 毫米×1092 毫米　16 开本　6.75 印张　168 千字
2005 年 12 月第 1 版　2009 年 7 月第 2 次印刷
印数：2000 册
定价：12.00 元
读者服务部电话：010-64929211
发行部电话：010-64927085
出版社网址：http://www.class.com.cn
版权专有　　侵权必究
举报电话：010-64954652

前　言

为推动电子仪器仪表装配工职业培训和职业技能鉴定工作的开展，在电子仪器仪表装配从业人员中推行国家职业资格证书制度，劳动和社会保障部中国就业培训技术指导中心在完成《国家职业标准——电子仪器仪表装配工》（以下简称《标准》）制定工作的基础上，组织参加《标准》编写和审定的专家及其他有关专家，编写了《国家职业资格培训教程——电子仪器仪表装配工》（以下简称《教程》）。

《教程》紧贴《标准》，内容上力求体现"以职业活动为导向，以职业技能为核心"的指导思想，突出职业培训特色；结构上，《教程》是针对电子仪器仪表装配工职业活动的领域，按照模块化的方式，分初级、中级、高级、技师、高级技师5个级别进行编写的。《教程》的基础知识部分内容覆盖《标准》的"基本要求"；技能部分的章对应于《标准》的"职业功能"，节对应于《标准》的"工作内容"，节中阐述的内容对应于《标准》的"技能要求"和"相关知识"。

《国家职业资格培训教程——电子仪器仪表装配工（技师技能　高级技师技能）》适用于对电子仪器仪表装配工技师、高级技师的培训，是职业技能鉴定的指定辅导用书。

本书由马永利、刑瑞楠、张俊贤编写，刑瑞楠主编；马灵洁审稿。

由于时间仓促，不足之处在所难免，欢迎读者提出宝贵意见和建议。

劳动和社会保障部中国就业培训技术指导中心

前 言

目 录

第一部分　电子仪器仪表装配工技师技能

第一章　投产前的组织与准备 ……………………………………………………（ 1 ）
　第一节　图样、技术资料及生产准备 …………………………………………（ 1 ）
　第二节　测量技术 ………………………………………………………………（ 3 ）
　第三节　装配工艺 ………………………………………………………………（ 5 ）
　第四节　常用测试工具、设备 …………………………………………………（ 8 ）
　第五节　CMOS 基础知识 ………………………………………………………（ 15 ）

第二章　装配 ……………………………………………………………………（ 21 ）
　第一节　试装配 …………………………………………………………………（ 21 ）
　第二节　设备 ……………………………………………………………………（ 23 ）
　第三节　常用材料及元器件 ……………………………………………………（ 26 ）
　第四节　质量管理与控制（ISO 9000）…………………………………………（ 32 ）

第三章　整机调试 ………………………………………………………………（ 35 ）
　第一节　首批整机调试 …………………………………………………………（ 35 ）
　第二节　成批整机调试 …………………………………………………………（ 37 ）

第四章　应用软件简介 …………………………………………………………（ 40 ）
　第一节　应用软件程序设计 ……………………………………………………（ 40 ）
　第二节　BASIC 语言程序设计基础 ……………………………………………（ 42 ）
　第三节　计算机辅助设计 CAD …………………………………………………（ 52 ）

第五章　培训 ……………………………………………………………………（ 62 ）

第二部分　电子仪器仪表装配工高级技师技能

第六章　投产前的组织与准备 …………………………………………………（ 66 ）
　第一节　准备图样和技术资料 …………………………………………………（ 66 ）
　第二节　装配工艺过程 …………………………………………………………（ 67 ）

第七章　生产指导与工艺创新 ………………………………………（69）
第一节　生产指导 ………………………………………………（69）
第二节　计算机在仪器仪表中的应用 …………………………（72）
第三节　计算机集成制造系统（CIMS）………………………（81）
第八章　推动技术进步 …………………………………………………（85）
第一节　开展技术改造与技术革新 ……………………………（85）
第二节　参与新产品设计及工艺验证 …………………………（87）
第三节　仪器仪表设计的新思路 ………………………………（92）
第四节　仪器仪表的发展趋势 …………………………………（94）
第九章　培训 ……………………………………………………………（96）

第一部分 电子仪器仪表装配工技师技能

第一章 投产前的组织与准备

第一节 图样、技术资料及生产准备

一、产品图样

产品图样包括图样目录、明细表、总装配图、电气原理图、部件装配图、零件图等。

1. 图样目录

产品的全部图样按目录的前后顺序装帧成册以便于查找，图样目录是产品图样中的一项。

2. 明细表

按图样目录的先后顺序把每张图样的图号、名称、材料填写在表上，并标明它属于哪一个装配之中和产品使用件数。

3. 工作原理图和电气线路图

工作原理图一般指框图，框图表明工作过程，用于定性的分析，是简明的工作原理。电气线路图是指用元器件图样和线路连接组成的电气原理图。

4. 总装配图

在产品图样中总装配图是内容最多的一张图样，它包括了产品中的全部零件、部件、组件、标准件、元器件等，是一张最复杂的图样。

5. 部件装配图

部件装配图是表示整个产品的一个部分的装配及所使用的零件及数量和装配关系。

6. 零件图

零件图是表示单独的自成一体的零件，比如一个螺钉。零件图应注明该零件所使用的材料及表面处理等技术要求。

7. 制图的国家标准

图样是工程技术领域的重要"语言"之一，它在产品开发设计、组织生产、指导生产以及进行技术交流过程中发挥着极其重要的作用。为了便于这种"语言"的正确使用和便于交流，国家及有关部门对图样的格式、内容及表达方法等均作了统一的规定，这些规定称为制图标准。国家标准用代号"GB"表示，根据不同的内容在代号后面给定相应的编号。要学会看图和画图就必须首先熟悉和掌握有关的制图标准。

机械制图国家标准 GB 4457.1—5—84 分别制定了图样幅面尺寸、图线及画法、比例、字体和尺寸注法五个部分，国家标准中还详细地叙述了标题栏的格式画法，以及文字、符号及尺寸标注的注意事项等有关规定。掌握识图、画图技能，是搞好工作提高个人素质的基础。

8. 产品图样的管理

作为产品生产的依据，图样的管理工作是很重要的。新产品鉴定完成后将要正式投入生产前，一项非常重要的工作是整理出一套完整齐全、准确无误、经有关技术人员及主管签字批准的产品图样。这套产品图样是生产的依据，是指导生产使之正常运转的可靠保证。完整的生产图要办理入库手续，没有主管人员的批准不得任意修改，要保证其完整性、正确性。

正规生产的产品图样，如果需要修改必须按照规定填写更改通知单，申明更改原因、实施方法、时间等内容，经主管领导批准后执行。

二、技术文件

1. 技术文件的编制

新产品的开发研制目标确定之后，编制技术文件是很重要的工作。技术文件要根据以下标准所确定的原则方法去编制。GB/T 1.1—2000 标准化工作导则，标准编写的基本规定；ZB/TJ 01035.5 产品图样及设计文件的完整性。

在众多的设计文件当中，最重要的文件是产品标准（技术条件）和产品图样。在产品的技术条件中，主要包括制造产品的依据、制造目的和水平。此外还包括产品的经济技术前景、产品的试验方法、试验条件和要求等。这些内容表明了产品的性质和质量，因此在技术文件当中都要有明确的规定。

2. 技术文件和产品图样的更改

技术文件和产品图样的更改，是指产品鉴定归档后的文件更改。更改应按照 ZB/TJ 01035.6—90 产品图样及设计文件的更改办法执行。

（1）更改原则

产品图样和技术文件的更改与产品质量密切相关，应严格控制。更改应符合下列要求：

1）更改不得降低产品质量。

2）更改不得违背有关标准的规定。

3）更改后的图样、相关文件应达到正确、完整、统一。

4）更改必须履行签字手续，并应有据可查和存档。

（2）更改权限

1）自行设计的产品，在投产前其更改权属于产品设计开发部。

2）批试后的产品，其更改权属产品所在生产车间的技术组。

3）引进技术的更改权属于引进产品所在部门技术组。

4）由用户提供的产品图样或文件，更改权按合同协议办理。如合同或协议未作规定，更改权属于承接合同的部门。

三、工艺文件

1. 工艺文件是指导工人操作和用于指导生产、工艺管理的依据，要做到正确、完整、统一、清晰，工艺文件的编制应以"JB/Z 187.2—88 工艺文件的完整性"为依据。

2. 小批试制是对工艺的验证，试制工作完成后，在批试总结里应对工艺进行补充、修改，使工艺更加完整。

3. 工艺文件的更改

(1) 更改原则要根据"JB/Z 338.8—88 工艺管理导则，工艺文件的修改"进行。

(2) 工艺文件需要更改时，应由工艺员下达工艺文件更改许可单，技术档案室凭更改单更改。更改单应由有关部门会签批准后生效。

(3) 由于生产条件临时改变（如设备、工艺装备、元器件、毛坯等变更）可编制临时更改单。下达临时工艺卡，临时工艺卡应由工艺员、室主任、技术组审核，工艺科长审定执行。

工艺更改的原则和过程与设计更改一样，应在不影响产品质量的前提下进行。

四、技术文件、工艺文件的管理

产品的技术文件是产品的技术指标、质量标准和检验方法的集中体现。工艺文件反映的是产品的生产过程和质量保证的实施方法。技术文件和工艺文件都是非常重要的文件。

产品经过鉴定后在正式投入生产之前，产品技术指标的修改，检验方法的改进，工艺流程和操作工艺的变更均应将其纳入正式文件之中，即需要办理更改手续后正式入库存档。

文件的更改，应按图样、技术文件、工艺文件更改的有关程序执行。

第二节 测量技术

一、电子测量的内容及特点

电子测量是以电子技术理论为依据、以电子测量仪器和设备为工具，对各种电量和非电量进行测量。当今电子测量技术发展迅速，应用广泛，精确度也逐步提高，对现代科学技术的快速发展起着巨大的推动作用。

电子测量技术在电子工业中的地位是非常重要的。电子工业的研究对象及产品均与电子测量技术紧密相关。从元器件的生产到大型电子设备的组装、调试都离不开电子测量。实践证明电子测量是衡量一个国家科学技术水平的重要标志之一。

1. 电子测量的主要内容

电子测量主要包括如下内容：

(1) 电能测量

电能测量包括电流、电压、功率等参量的测量。

(2) 电路元器件参数的测量

电路元器件参数的测量是指电阻元件的阻值，电容元件的容量，电感元件的电感量、Q 值，晶体管电流放大倍数、正向压降等参数的测量。

(3) 电信号特性的测量

电信号特性的测量包括频率、周期、相位、噪声、幅度、逻辑状态等参数的测量。
(4) 电路性能的测量
电路性能的测量包括增益、衰减量、灵敏度、频率特性等参数的测量。
(5) 非电量测量
各种非电量的测量一般通过传感器转化为电量后再进行测量。非电量测量包括温度、位移、压力、重量等参数的测量。

2. 电子测量的特点

电子测量有以下几个明显的特点：
(1) 测量频率范围宽
电子测量的频率范围可达千兆赫，这一特点使电子测量有非常广泛的应用范围。
(2) 量程广
量程是指被测参量测量范围的上、下限，采用适当的测量电路可使电子测量的上限很高，下限很低，测量范围很广。
(3) 测量准确度高
(4) 测量速度快
(5) 易于实现遥测和测量自动化
(6) 测量方法多
电子测量方法有多种形式，使用最多的有，直接测量法和间接测量法。

二、非电量测量技术及传感器

非电量是指除电量之外的物理量。电量一般是指物理学中的电学量，如电流、电压、电阻、电容、电感等。非电量种类很多，我们根据各种非电量的不同表现特征或不同表现形式把非电量分为热工量、机械量和成分量。常见的非电量及其派生量如下：

热工量——温度、热量、差热；压力、差压、真空；流量、流速；物位界面等。

机械量 { 位移量——位移、尺寸、厚度、转角、振幅等。
力学量——力、压力、重量、转矩、扭矩等。
速度量——速度、加速度、转速等。
光学量——光吸收、光散射、光密度等。
声学量——声压、声功率等。

成分量——浓度、活度、酸碱度、粒子度、密度、湿度。

1. 非电量的变换

因为电工仪表和电子仪器要求输入电量信号，电子计算机则也是要输入电量信号。所以要对非电量用电测法进行测量，首先要将非电量变换成与之有一定比例关系的电量，然后再用相应的电测法进行测量。

把非电量变换成电量的技术叫做非电量电测变换技术，实现变换技术的具体器件或装置叫做传感器。

2. 检测元件

检测元件是直接感受被测量并将它转换成适应于某种测量形式物理量的元件或器件。检测元件也称为敏感元件。检测元件的种类很多、发展也很快。按不同测量的用途有如下种类：

(1) 力敏检测元件。力敏检测元件用来测量压力、差压、位移、高度、厚度及液位等非电量，如电阻应变片等。

(2) 光敏检测元件。光敏检测元件用来测量成分量、位移、距离、温度、转矩、几何尺寸等非电量，如光电管等。

(3) 磁敏检测元件。磁敏检测元件用来测量流量、力、压力、差压、位移等非电量，如磁铁、磁栅、霍尔元件等。

(4) 热敏检测元件。热敏检测元件用来测量温度、流量、气体成分等非电量，如热电偶、热电阻等。

其他还有一些检测元件如气敏半导体、湿敏电阻等新型的转换元件，应用也很广泛。

3. 传感器

传感器是借助于检测元件在感受被测的非电量后输出信息，并按一定规律将该信息变换成同一种或另一种形式信息输出的器件或装置。由于传感器的种类多，用途也各不相同，我们可按不同的形式对传感器进行分类。一般常用的分类法有两种，一种是按被测对象的参数分类；另一种是按传感器的变换原理分类。

传感器按被测对象参数分类有温度、压力、流量、位移、液位、力传感器等。传感器按变换原理分类有电化式、光电式、热学式、磁学式传感器等。

非电量测量的方法必须借助于检测元件和传感器才能将非电量变换成与之成比例关系的电量，然后在相应的电工仪表或电子仪器上显示出来，从而得到被测非电量的测量结果。非电量的电测法是目前应用较广泛的测量方法，它具有如下优点：

(1) 灵敏度高、准确性好、反应速度快。

(2) 可进行遥控和遥测。

(3) 能连续进行测量、记录，并可使用计算机对测量数据自动判断与计算。

(4) 测量范围广、量程变换方便。

第三节 装配工艺

一、装配简介

电子产品装配是按照设计要求，将各种元器件、零部件、整件装接到规定的位置上，并组成具有一定功能的电子产品过程。电子产品装配包括机械装配和电气装配两大部分，是整个生产过程中极其重要的环节。优良的装配工艺既是生产高质量产品的前提，又是以最合理、最经济的方法实现产品性能指标的重要条件。

电子产品整机装配往往比较复杂，在流水线上要经过多道工序，采取不同的装接方式和安装顺序。安装顺序的合理性直接影响整机的装配质量、生产效率和工人劳动强度。装配时一般按先小后大、先轻后重、先铆后装、先装后焊、先低后高、先里后外、上道工序不影响下道工序、下道工序不改变上道工序的装接原则进行安装。装配过程中应注意前后工序的衔接，使操作方便、省力、省时。

整机装配的基本要求是牢固可靠，安装件的方向、位置、极性要正确，应不损伤元器件和零部件，不划伤面板和机箱表面的涂敷层，不破坏绝缘性能、电气稳定性和足够的机械性能。

二、电子仪器装配工艺的管理

工艺工作是企业生产技术的中心环节，它贯穿于整个产品的生产过程之中。工艺工作能反映出一个企业的技术水平和综合管理能力，是决定企业生产能否达到优质、低耗、高效的关键所在。

工艺工作包括工艺技术和工艺管理两个基本内容。工艺技术是企业在长期的生产实践中逐步积累，在应用先进科学技术成果中所掌握的各项生产技术的总和。工艺技术反映的是企业的加工水平和生产能力。工艺管理是保证工艺技术在生产实际中的应用和不断发展的管理科学，它包括对工艺工作的计划、组织、协调和实施。

工艺工作的具体内容应根据产品所处的阶段来确定。在产品的研制阶段，其内容是确定产品的制造方案并做好生产前的各项技术准备（编制工艺文件、进行工装准备）。在产品的制造阶段，其工作内容是组织和指导产品的加工生产，直至成品出厂所采取的一切必要的技术措施和管理措施。产品批量生产期间工艺工作的主要内容有：

1. 生产准备

生产准备包括工艺文件的准备和修改、工装的调整等。

2. 质量管理

质量管理工作包括质量台账的收集统计、分析，做好抽样、测试、试验的工作，解决有关质量问题。

3. 物料管理

物料管理的内容是指在生产中的半成品、待检品和成品应摆放有序、标志清楚、统一归类，杜绝混放，定期审查。

4. 现场管理

生产现场人员分工明确、责任清楚，设备、物料要定值定位，要保持环境整洁，工具、仪表摆放整齐并保持清洁。

5. 生产管理

生产管理的内容包括对作业计划要安排合理、调度得力、均衡生产，要按工艺规程操作。

6. 安全生产

工艺工作和管理应保证生产过程中操作者和设备、产品的安全，贯彻安全第一的原则。

7. 技术培训

技术培训内容包括对新工人上岗前培训和对职工的日常定期培训工作。

8. 搞好工艺纪律

工艺纪律是要求操作者遵守规章制度、注意操作规范，正确使用仪器设备，穿好工作服，并做到安全生产。

生产企业必须健全相应的监督、考核和奖惩措施，以保证工艺工作有序地进行。

三、生产工艺的准备，特殊工具和预算

1. 常用生产工具设备

（1）通用设备

1）直流稳压源。直流稳压电源的作用是为电路提供能源保证静态工作点。

2）信号发生器。信号发生器的作用是为电路提供不同频率和幅度的输入信号。

3）示波器。示波器用于观察电路中各点的波形，以便于监视电路工作是否正常，示波器可以测量波形的周期、幅度、相位差及观察电路特性曲线等，为分析电路工作情况提供依据。

4）毫伏表。毫伏表用于测量电路输入、输出正弦信号有效值。

5）数字万用表。数字万用表是一种多功能测量仪表，其"DCV"挡测量电路的静态工作电压及直流信号电压值；"ACV"挡测量频率为500 Hz以下的正弦信号有效值；"Ω"挡测量电路中的电阻值。

（2）专用设备

1）自动切剥机。自动切剥机主要用来剪线、剥头。

2）超声波清洗机。对使用一般方法难以清洗干净及形状复杂的元器件上的油类及其污垢，采用超声波清洗机进行清洗，效率高、效果好。

3）打号机。打号机用于对导线、套管及元器件打印标记。

4）波峰焊机。波峰焊机适用印制电路板的焊接，用波峰焊机进行焊接代替手工焊接操作，可以大大提高生产效率，保证焊接质量。

（3）完备性核查

使用设备进行仪表装配有利于满足仪表装配工艺要求，提高装配质量，同时有利于提高生产效率。为了更好地发挥设备的效能，提高设备的耐用度，除了要正确使用这些设备之外，还要对这些设备定期保养和专人管理。为了保证设备的精度对这些设备进行定期核查是十分必要的。

1）核查的内容。

①设备的清单台账应完整、清楚。

②设备是否遵循了测量检定计划及周期检定表进行了检定。

③具有检定规程和产品技术要求的设备是否贴有在有效期限内的合格证。

④辅助设备（一般不参与出数据测量的）应贴有准用证。

⑤送外检定的设备（标准不能传递）应有证书合格证。

⑥抽检设备是否具备了以上要求，及能否正常工作。

⑦不符合以上要求，经检修后仍不能达到标准要求的，应予报废。

2）环境条件的核查。

①工作环境温度，A类：0～40℃；B类：-20～50℃；C类：-40～60℃。

②湿度<80%。

③洁净度。

第四节　常用测试工具、设备

一、压力测量原理及常用工具

压力检测是工农业生产、科学研究、医疗卫生以及日常生活中经常遇到的问题，在许多情况下，压力在生产过程中是最重要的参数。此外，还有流量、液位等参数的检测也是通过压力检测得到的。

应变式压力计是常用的压力检测仪器，其工作原理是利用弹性元件受力产生一定的变形（应力），根据应变测量原理测出变形（应力），从而得到压力值。下面介绍两种最常用的应变式压力计。

1. 平膜式压力传感器

最简单的平膜式压力传感器如图 1—1 所示。这种压力传感器的膜片直接感受被测压力产生变形，应变片贴在膜片内表面，在膜片产生应变时，使应变片产生一定的电阻变化输出。

平膜式压力传感器的最大优点是结构简单、灵敏度高，但其缺点是不适于测量高温介质，并且输出线性较差。

2. 测力计式应变压力传感器

测力计式应变压力传感器的压力变换结构如图 1—2 所示。它与平膜式压力传感器的最大区别在于被测压力不直接作用到贴有应变片的弹性元件上，而是通过应变元件即测力应力筒进行测量。被测压力经膜片转换成相应大小的集中力，传给应变筒。应变筒受压缩变形，使沿轴向所贴的应变片受压（负应变），阻值减小，使沿圆周方向所贴的应变片受拉（正应变），阻值增大，这样就组成了测量应变电桥得输出电压值，从而测出压力值的大小。

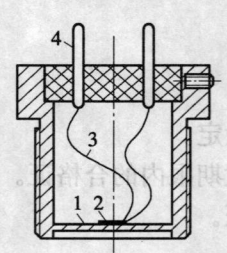
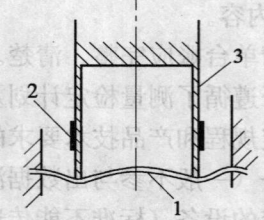

图 1—1　平膜式压力传感器　　　图 1—2　测力计式应变压力传感器的压力变换结构
1—膜片　2—应变片　3—引线　4—插头　　　1—膜片　2—应变片　3—应变筒壳体

这种结构的特点是被测介质不与弹性变形元件直接接触，所以介质温度变化对弹性元件影响较小，同时可以利用水或冷空气，对应变筒与膜片进行冷却、以适应高温环境下的压力测量。

二、硬度测试

硬度通常是指金属材料抵抗局部变形，特别抵抗塑性变形防止产生压痕或划痕的能力。

在机械仪器仪表制造中所用的刀具、量具、模具等，必须具备足够高的硬度，才能保证使用性能和寿命。对机械仪器仪表零件而言，也常常要求有一定的硬度，以保证足够的强度、耐磨性和使用寿命。因此，硬度是金属材料重要的机械性能指标。

1. 洛氏硬度

洛氏硬度测试是生产上应用很广泛的一种测试方法。它的测试原理，是以一定尺寸的钢球（$\phi 1.588$ mm）或锥顶角为 $120°$ 的金刚石圆锥体作为压头，先加以初载荷 F_0，然后加以主载荷 F_1，压入试件表面之后，撤除主载荷 F_1，在保留初载荷 F_0 的情况下，根据试件表面压痕深度，确定被测金属的洛氏硬度值。图 1—3 所示为用金刚石圆锥体进行洛氏试验的示意图。0—0 为金刚石压头没有和试件接触的位置。1—1 是在初载荷 F_0 作用下，压头所处的位置，压入深度为 h_1，目的是为了消除试件表面粗糙度对硬度的影响。2—2 是总载荷 F（初载荷 F_0 加主载荷 F_1）作用下压头所处的位置，压入深度为 h_2。3—3 是撤除主载荷 F_1 后压头所处的位置，由于金属的弹性变形得到恢复，此时压头实际的压入深度为 h_3。从中可看出，由主载荷 F_1 作用经弹性恢复后的压力深度是 h，$h = h_3 - h_1$。洛氏硬度值就由 h 的大小来确定的，压入深度 h 越大，硬度越低，反之则硬度越高。

洛氏硬度测试的优点是操作简单迅速，能直接从刻度盘上读出硬度值；压痕小，可以测定成品或薄件；测试硬度范围大，既可以测量极软的金属材料，也可以测量极硬的金属材料。缺点是，因为压痕较小，当材料的内部组织不均匀时，硬度数据波动较大，使测量值不够准确，通常需要在不同部位进行测试取其平均值，才能代表该金属材料的硬度。

2. 维氏硬度

维氏硬度的试验原理基本上和洛氏硬度试验相同，维氏硬度试验原理示意图如图 1—4 所示。它是用一个相对两面夹角为 $136°$ 的正四棱锥体金刚石压头，以选定的载荷 F 作用下压入被测金属表面，经规定的保持时间后，撤除载荷，测出压痕的对角线长度 d，计算出压痕的表面积 S。试验载荷除以压痕表面积所得的商就是维氏硬度，用符号 HV 表示，即：

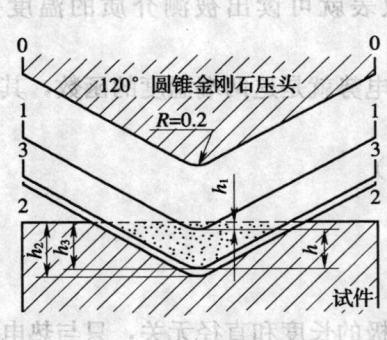

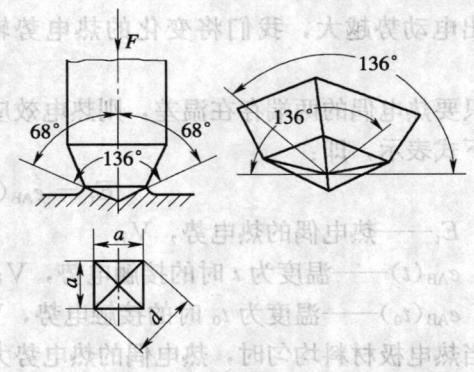

图 1—3 洛氏硬度试验示意图　　　　图 1—4 维氏硬度试验原理示意图

$$HV = \frac{F}{S} = \frac{F}{\dfrac{d^2}{2\sin 68°}} = 1.8544 \frac{F}{d^2}$$

式中　F——试验载荷，N；

S——压痕表面积，m^2；

d——压痕对角线平均长度，m。

维氏硬度表示方法为，HV前面是硬度值，HV后面按以下顺序用数值表示试验条件，即试验力和试验力保持的时间（10～15 s不标注）。

例如，640HV30表示用294.2 N（30 kgf）试验力保持10～15 s测定的维氏硬度值为640。

在实际应用中，维氏硬度可根据压痕对角线的长度，直接从表中查得。

维氏硬度因试验时所加的载荷小，压痕深度浅，故可测量较薄的材料，也可测量表面渗碳、氮化层材料的硬度。而且维氏硬度值具有连续性（10～1 000 HV），故可测定从极软到极硬的各种金属材料的硬度。但是因需测量对角线长度，测试手续较繁，并且压痕小，所以对试件的表面质量要求较高。

三、温度测量原理及常用工具

热电式传感器是利用某些材料或元件的物理特性与温度有关的性质，将温度的变化转化为电量的变化。

1. 热电偶

（1）热电效应

把两根不同材质的导体（A和B）连接起来构成一个闭合回路，如图1—5a所示，该闭合回路构成热电回路。如果在热电回路的两端存在温差（$t \neq t_0$），则在该回路中便有电势产生，该电势称为热电势，这种产生热电势的效应叫作热电效应。

（2）热电偶测温及其结构

热电偶是由两根不同材质的导体熔接在一起而构成的感温元件，它是利用热电效应来进行测温的，其测量系统如图1—5b所示。热电偶是将两种不同材质导体A、B的一端焊接在一起，被称为测量端（热端）。将热端置于温度t的被测介质中。另一端通常称为自由端（冷端），将它置于恒定温度为t_0的环境中，当热端t与冷端t_0的温差越大，热电偶的输出电动势越大，我们将变化的热电势输入显示仪表就可读出被测介质的温度变化值。

只要热电偶的两端存在温差，则热电效应产生的热电势就是这两端温度的函数，其关系可用下式表示，即：

$$E_t = e_{AB}(t) - e_{AB}(t_0)$$

式中　E_t——热电偶的热电势，V；

　　　$e_{AB}(t)$——温度为t时的接触电势，V；

　　　$e_{AB}(t_0)$——温度为t_0时的接触电势，V。

当热电极材料均匀时，热电偶的热电势大小与热电极的长度和直径无关，只与热电偶材料成分以及两端温度差有关。

若自由端温度恒定时，热电势就是被测介质的温度的单值函数，即$E_t = f(t)$。

热电偶的基本结构示意图如图1—6所示。它由感温元件（组成热电偶的两极线）、保护套、接线盒、极线绝缘子等组成。

热电偶的主要性能参数是灵敏度、精度和测量范围，几种常用热电偶性质见表1—1。

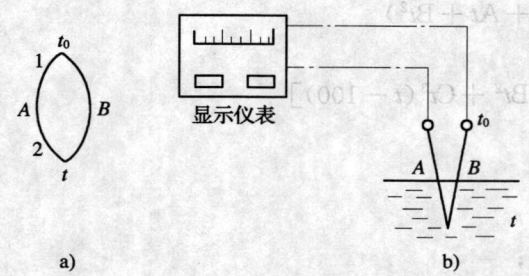
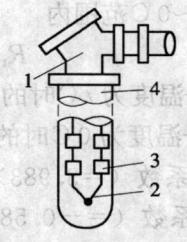

图1—5 热电偶测温系统图　　　　　　图1—6 热电偶的基本结构示意图
a) 检测元件　b) 测量系统　　　　　　1—接线盒　2—感温元件　3—绝缘子　4—保护套

表1—1　　　　　　　　　　几种常用热电偶的性质

热电偶	灵敏度 [20℃/(μV/℃)]	有用范围 (℃)	精　度
铜/康铜 ($Cu_{100}/Cu_{57}Ni_{43}$)	45	−150～300	约±0.5%
铁/康铜	52	−150～1 000	约±1%
Chromel/alumel ($Ni_{90}Cr_{10}/Ni_{94}Mn_3Al_2Si_1$)	40	−200～1 200	在恶劣环境中性能良好：约±0.5%
Chromel/康铜	80	0～500	稳定性好，普通材料中灵敏度最高
铂/铂铑 ($Pt_{100}/Pt_{90}Rh_{10}$)	6.5	0～1 500	高稳定，价格高，灵敏度小：约±0.25%

2. 热电阻

(1) 热电阻测温原理

热电阻是利用电阻与温度成一定函数关系的金属导体或半导体材料制成的感温元件，这种感温元件的电阻，随温度变化而变化，从而使被测的非电量（温度）转换为电量（电阻），这就是热电阻测温时的变换原理。

(2) 热电阻分类

1) 金属热电阻。热电阻主要用纯金属材料制成，虽然大多数金属都有一定的电阻温度系数，但作为测温元件材料的电阻温度系数必须具有良好的线性和稳定性，具有较高的电阻率。常用的金属热电阻材料是铂和铜。

① 铂电阻。铂电阻是一种成熟的产品，它是将铂丝绕在一个绝缘骨架上制成的。它性能稳定、重复性好、准确度高。它的测量范围一般为−200～630℃。其结构如图1—7所示。

铂电阻阻值和温度之间的关系接近线性，在0～630℃范围内，其电阻—温度关系为：

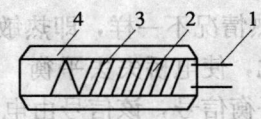

图1—7 铂电阻结构
1—引线　2—陶瓷骨架　3—铂丝　4—釉

$$R_t = R_0(1 + At + Bt^2)$$

在 $-200\sim 0℃$ 范围内

$$R_t = R_0[1 + At + Bt^2 + Ct^3(t-100)]$$

式中　R_t——温度为 $t℃$ 时的铂电阻值；
　　　R_0——温度为 $0℃$ 时的铂电阻值；
　　　A——系数（$=3.983\times 10^{-3}$　$1/℃$）；
　　　B——系数（$=-0.586\times 10^{-6}$　$1/℃^2$）；
　　　C——系数（$=-4.22\times 10^{-12}$　$1/℃^4$）。

②铜电阻。铜电阻的温度测量范围为 $-50\sim +150℃$，铜电阻的阻值和温度的关系为。

$$R_t = R_0(1 + At + Bt^2 + Ct^3)$$

式中　A——系数（$=4.29\times 10^{-3}$　$1/℃$）；
　　　B——系数（$=-2.13\times 10^{-7}$　$1/℃^2$）；
　　　C——系数（$=1.23\times 10^{-9}$　$1/℃^3$）。

2）半导体热敏电阻

半导体材料制作温度传感器，具有体积小、灵敏度高、长期工作稳定性好等优点，在生物医学的温度测量中得到非常广泛的应用。

半导体热敏电阻有三类，负温度系数型、正温度系数型和单晶掺杂半导体型。负温度系数（NTC）型，是由某些金属氧化物的混合物高温烧结而成。电阻正温度系数（PTC）型，由钛酸钡和钛酸锶的混合物高温烧结而成；单晶掺杂的半导体（通常是硅），温度系数为正。

热敏电阻的电阻—温度关系为：

$$R_T = R_0 e^{B(1/T - 1/T_0)}$$

式中　R_T——某一温度 T（绝对温度）时的阻值；
　　　R_0——参考温度 T_0（绝对温度）时的阻值；
　　　B——热敏电阻的材料系数；常取 $2\,000\sim 6\,000$ K。

目前，热敏电阻元件得到了广泛的应用，特别在温度补偿方面，它不仅可补偿正温度系数元件的温度特性，而且能补偿电路参数值随温度变化产生的漂移。热敏电阻还广泛应用于温度测量、控制以及液面测量、气压测量、过载保护、时间延迟，自动增益调整等电气装置中。

利用热敏电阻测量气体流量的原理图如图1—8所示。热敏电阻 R_{f1} 放在气体流路中；把另一个热敏电阻 R_{f2} 不直接放在气体流通路径上，而是放在不受流动气体干扰的平静区域里。电桥在流体静止时处于平衡状态。当气体流动时，它会带走热量，从而使热敏电阻 R_{f1} 与 R_{f2} 的散热情况不一样，即热敏电阻 R_{f1} 的电阻值会发生相应的变化，使电桥失去平衡，产生一个与流量变化相对应的不平衡信号，该信号由电流表 A 来指示。电流表 A 的刻度值是气体流量的大小数值。

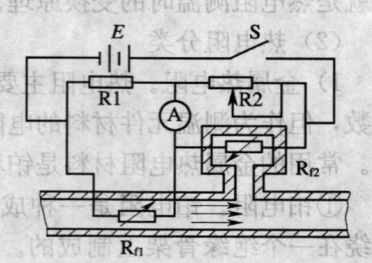

图1—8　测气体流量原理图

几种金属和半导体在室温时的温度系数和电阻率见表1—2。

表 1—2　　　　　　　　　　几种金属和半导体在室温时的温度系数和电阻率

材　料	α, (℃$^{-1}$)*	ρ, 电阻率/(Ω·cm)
金	0.004 0	2.4×10^{-6}
Nichrome（一种镍铬合金）	0.000 4	1.0×10^{-4}
镍	0.006 7	6.84×10^{-5}
铂	0.003 92	1.0×10^{-6}
银	0.004 1	1.63×10^{-6}
硅（掺杂 10^{16} cm^{-3}）	～0.007	1.4（P型）0.6（N型）
热敏电阻	−0.04	～10^3（负温度系数型）

* 乘以 100 即得每 1℃ 的电阻百分变化。

3. 光学高温计

(1) 亮度温度概念

在温度低于 3 000 K，波长较短的可见光范围内、绝对黑体的单色辐射强度 $E_{0\lambda}$ 与波长 λ 和温度 T 的关系可较精确地用维恩公式表示：

$$E_{0\lambda} = C_1 \lambda^{-5} e^{-\frac{C_2}{\lambda T}} \quad (W \cdot m^2 \cdot \mu m) \tag{1—1}$$

式中　λ——波长，μm；

$\quad\quad$ e——自然对数的底；

$\quad\quad$ C_1——普朗克第一辐射常数，$C_1 = 3.741\ 8 \times 10^{-16}$，$W \cdot m^2$；

$\quad\quad$ C_2——普朗克第二辐射常数，$C_2 = 1.438\ 8 \times 10^{-2}$，$m \cdot K$。

而实际物体的单色辐射强度 E_λ 与波长和温度 T 的关系表达式为：

$$E_\lambda = \varepsilon_{\lambda T} C_1 \lambda^{-5} e^{-\frac{C_2}{\lambda T}} \quad (W \cdot m^2 \cdot \mu m) \tag{1—2}$$

式中　$\varepsilon_{\lambda T}$——实际物体的单色辐射系数，其值与波长和温度有关，即 $0 < \varepsilon_{\lambda T} < 1$。

物体的亮度和它的辐射强度成正比，如果某物体辐射波长为 λ，温度为 T 时的亮度和黑体在相同波长而温度为 T_s 时的亮度相等，则定义 T_s 为这个物体在波长为 λ 时的亮度温度。光学高温设计的理论依据公式为：

$$1/T_s - 1/T = \lambda/C_2 \ln(1/\varepsilon_{\lambda T}) \tag{1—3}$$

式中　λ——有效波长，其值为 0.66 μm。

在已知某物体的单色辐射系数 $\varepsilon_{\lambda T}$ 和高温计测得其亮度温度 T_s 之后，就可用式 (1—3) 求出物体的真实温度 T_0。通常可根据被测物体的 $\varepsilon_{\lambda T}$（可从有关资料查得）和测量得的 T_s，从说明书或有关资料给出的曲线查出真实温度 T_0。

(2) 光学高温计的工作原理

国产 WGGZ—201 型光学高温计原理图如图 1—9 所示，它是用亮度平衡法进行温度测量的。即被测物经过物镜成像于灯泡的灯丝平面上，人通过目镜观察灯丝的隐灭过程，并在一定波段（0.66 μm）范围内比较灯丝与被测物体的表面亮度。通过调节滑线电阻 7 改变灯丝电流。当灯丝亮度与被测物的亮度相平衡，灯丝轮廓就隐灭于被测物的影像中，如图 1—10 所示。灯丝的亮度可由通过电流和其两端电压反映出来，因而可由仪表的刻度值直接读取被测物体的亮度温度。光学高温计是以绝对黑体进行分度的，但被测物体往往是非黑

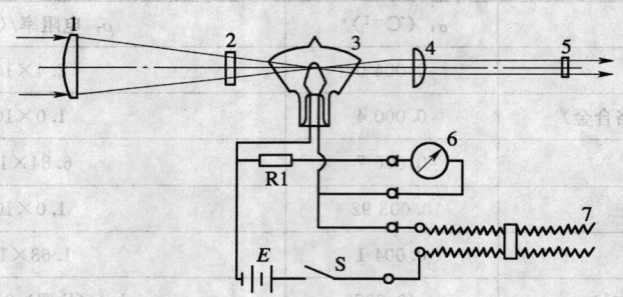

图 1—9 WGGZ—201 型光学高温计原理图
1—物镜 2—吸收玻璃 3—高温计灯泡 4—目镜 5—红滤光镜
6—测量仪表 7—滑线电阻 S—按钮开关 E—干电池 R1—电阻

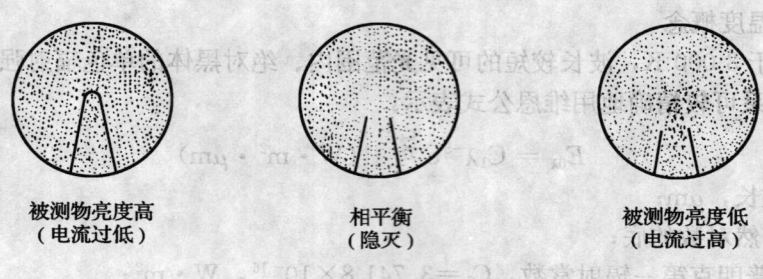

被测物亮度高　　　　　相平衡　　　　　被测物亮度低
（电流过低）　　　　　（隐灭）　　　　　（电流过高）

图 1—10 亮度均衡法

体（其单色辐射系数 $\varepsilon_{\lambda T}<1$）$\varepsilon_{\lambda T}$ 值的大小则由各种物体的性质、温度及表面状态决定，所以在同一实际温度下的各种物体，由于它的 $\varepsilon_{\lambda T}$ 不同，则由光学高温计测得的亮度亦各不相同。因此所测得的亮度温度必须用 $\varepsilon_{\lambda T}$ 修正后，才能求得被测物体的真实温度。

（3）光学高温计的结构

WGGZ 型光学高温计结构如图 1—11 所示，基本上分为两大系统：光学系统和电测系统。光学系统由物镜、吸收玻璃、红色滤光片和目镜组成，实际上是个望远镜系统，其作用是实现被测物体清晰地成像在灯丝平面上，从而进行亮度比较。

电测系统由电源、开关、滑线电阻、指示仪表和灯泡组成。其作用是测出某一与灯泡亮度有关的参数，如电压、电流或电阻并输入到指示仪表显示温度。

一般工业用隐丝式光学高温计的测量范围和允许基本误差见表 1—3。

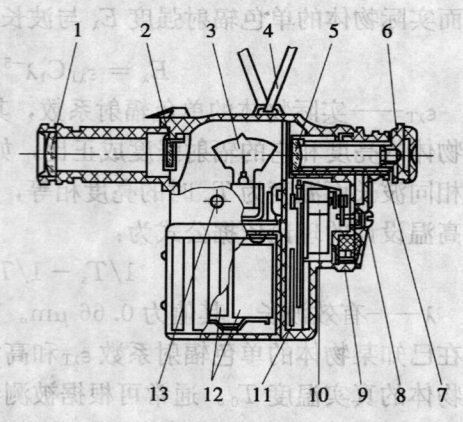

图 1—11 WGGZ 型光学高温计结构图
1—物镜 2—吸收玻璃 3—灯泡组件 4—带
5—目镜 6—红色滤光镜 7—目镜定位螺母
8—零位调节器 9—滑线电阻 10—指示仪表
11—刻度盘 12—干电池 13—按钮开关

表 1—3　　　　　　　　测量范围及允许基本误差

测量等级	测量范围（℃）	量程	允许基本误差（℃）	
1.0	800～2 000	1	800～<900	±21
			900～1 500	±14
		2	1 200～2 000	±20
	1 200～3 200	1	1 200～2 000	±20
		2	1 800～3 200	±50
1.5	800～2 000	1	800～<900	±33
			900～1 500	±22
		2	1 200～2 000	±30
	1 200～3 200	1	1 200～2 000	±30
		2	1 800～3 200	±80

注：800℃以下的刻度仅作参考用。

第五节　CMOS 基础知识

利用半导体的表面电场效应这一原理生产的，金属氧化硅绝缘层构成半导体结构的电子器件称绝缘栅场效应管，简称 MOS 管。它比结型场效应管有更高的输入电阻。

MOS 管分 N 型沟道和 P 型沟道两类。在每类中又分增强型和耗尽型两种。耗尽型是指 $U_{gs}=0$ 时就存在导电沟道，只要加漏源电压 U_{ds} 就会产生漏极电流 I_d。而增强型场效应管是指 $U_{gs}=0$ 时没有导电沟道，必须在栅源电压 U_{gs} 达到某一值以后，才会出现导电沟道。

一、N 沟道增强型绝缘栅场效应管结构

N 沟道增强型绝缘栅场效应管的结构是用一片掺入杂质浓度较低、电阻率较高的 P 型硅作衬底，将上面氧化生成一层极薄的二氧化硅薄膜作绝缘层。通过光刻技术在绝缘层上开出两个小窗口，再利用高浓度扩散的方法在窗口下面的 P 型硅中分别生成两个高掺杂的 N^+ 区。在两个 N^+ 区上分别引出两个电极，其中一个称漏极，用 d 表示；另一个称源极用 s 表示。两个 N^+ 区之间的 P 型硅上的二氧化硅表面，喷涂一层金属铝膜并引出一个电极称栅极，用 g 表示。这就构成了 N 型沟道增强型绝缘栅场效应管，其结构示意图及图形符号如图 1—12 所示。其中由衬底引出的电极可跟源极相连。

由于栅极跟源极和漏极是绝缘的，所以称"绝缘栅"。图形符号中箭头方向由 P（衬底）指向 N（沟道）说明它属于 N 型导电沟道。

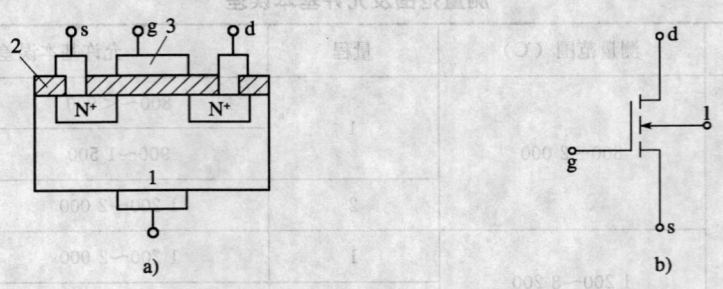

图1—12 N沟道增强型绝缘栅场效应管
a) 结构示意图　b) 图形符号
1—衬底　2—二氧化硅　3—铝　s—源极　g—栅极　d—漏极

二、工作原理

N沟道增强型绝缘栅场效应管的工作原理如图1—13所示。

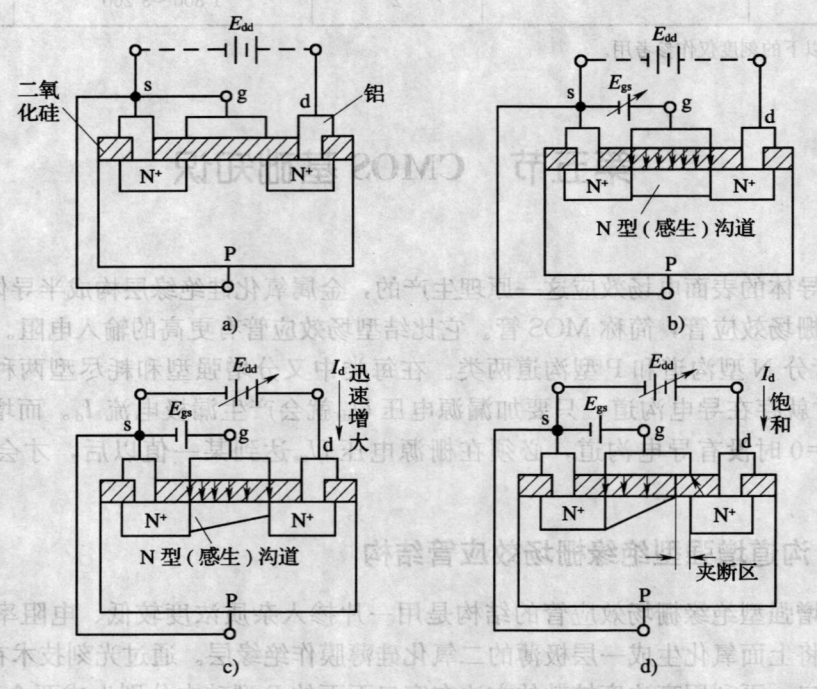

图1—13 N沟道增强型绝缘栅场效应管的基本工作原理
a) $U_{gs}=0$ 时无导电沟道　b) $U_{gs} \geq U_T$ 时出现N型沟道
c) $U_{gs} \geq U_T$，U_{ds} 较小时 I_d 随 U_{ds} 线性增大　d) U_{ds} 较大时出现夹断区，I_d 趋于饱和

将衬底与源极相连，栅源短接，即 $U_{gs}=0$，如图1—13a所示。此时源区（N^+型）衬底（P型）和漏区（N^+型）三者之间形成了两个背靠背的PN结。在这种状态下，漏极与源极之间加上漏源电压 U_{ds}，无论该电压的极性如何，总有一个PN结处于反偏状态，漏源之间没有导电沟道，漏极电流为零（即 $I_d=0$）。

在 $U_{ds}=0$ 时如果在栅极与源极之间加上正电压 U_{gs}，如图 1—13b 所示，那么栅极（铝膜）和 P 型硅片（衬底）就构成了一个相当于以二氧化硅薄层为介质的平行板电容器。在栅源电压 U_{gs} 的作用下，介质中便产生了一个垂直于硅片表面并从栅极指向衬底的电场。由于二氧化硅的绝缘层很薄（即电容器两极板之间的距离很小），即使 U_{gs} 只有几伏，也能产生 $10^5 \sim 10^6$ V/cm 的强电场。这个电场排斥 P 型硅中靠近栅极一侧的空穴，并把电子吸引到二氧化硅绝缘层的底下。当 U_{gs} 增大到某一数值 U_T 时，集结在栅极附近 P 型硅片表面的电子数足够多而形成一个 N 型薄层，称之为反型层。这个"反型层"就成为 N^+ 区的漏极和源极之间的导电沟道。显然栅源电压 U_{gs} 愈高，电场愈强，吸引的电子数愈多，反型层愈厚，N 型导电沟道的电阻值也愈小。只要改变 U_{gs} 的大小就能改变导电沟道的阻值，因此 U_{gs} 具有控制漏极与源极之间的导电能力，从而起到了控制漏极电流 I_d 的作用。即当 N 型导电沟道在漏极和源极之间加电压 U_{ds}，就会产生漏极电流 I_d。我们把 U_{ds} 作用下开始出现漏极电流 I_d 所对应的栅源电压最小值称开启电压，用 U_T 表示。注意，只有增强型场效应管才有开启电压的概念。

当 $U_{gs} > U_T$ 时在 U_{ds} 较小的情况下，I_d 将随 U_{ds} 线性增长。由于 U_{ds} 的作用（与结型场效应管的情况相似），使 N 沟道呈楔形，即靠近源极端 N 沟道宽、靠近漏极端 N 沟道窄，如图 1—13c 所示。当 U_{ds} 增大到一定值时，靠近漏极处的 N 沟道被夹断，出现了一个夹断区。若再增大 U_{ds}，只能使夹断区扩大，而沟道中的电场强度不再变化，致使 I_d 不再增大，即 I_d 进入了饱和状态，如图 1—13d 所示。此后 U_{ds} 增加得过大，会发生击穿。

绝缘栅场效应管的参数与结型场效应管的参数基本相同，只要注意要使它产生导电沟道必须在栅极与源极之间加开启电压 U_T。对于 N 沟道增强型管，开启电压为正值；对于 P 沟道增强型管，开启电压为负值。

三、N 沟道耗尽型绝缘栅场效应管

N 沟道耗尽型绝缘栅场效应管的结构示意图及图形符号如图 1—14 所示。它与增强型的区别在于二氧化硅绝缘层中用特种工艺掺入大量的正离子，在 $U_{gs}=0$ 时，由于正离子的作用已经生成了一个电场，其方向是从栅极指向衬底，它相当于增强型管在栅极与源极之间加了一个大于开启电压 U_T 后产生的电场。因此，在这电场作用下，漏极和源极之间已经形成了一条较宽的 N 型导电沟道。此时，只要在漏极与源极之间加上电压 U_{ds}，就会产生漏极电

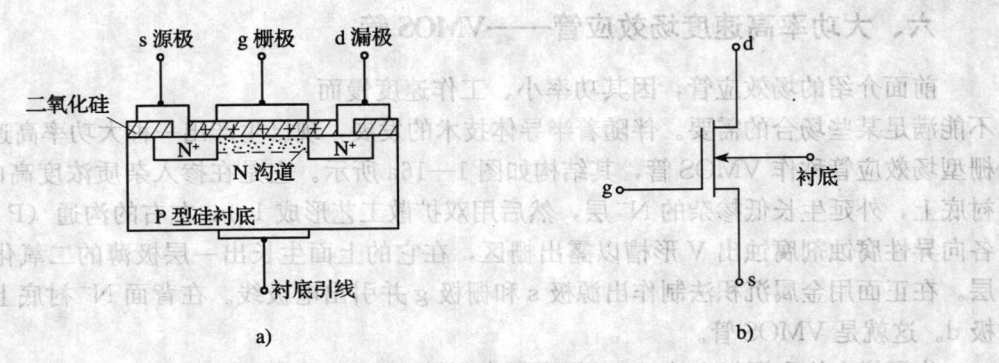

图 1—14 N 沟道耗尽型绝缘栅场效应管
a) 结构示意图　b) 图形符号

流 I_d。在 U_{ds} 一定的条件下，要想减小漏极电流，就必须在栅极与源极之间加上一个负电压 U_{gs}，使 N 沟道变窄。可见，只要改变栅源电压 U_{gs} 的大小，就能改变漏极电流 I_d，实现了用栅源电压 U_{gs} 对漏极电流 I_d 的控制，它的工作原理与 N 沟道型场效应管一样。不同之处是 N 沟道结型管的栅源电压 U_{gs} 不能大于零，而 N 沟道耗尽型绝缘栅场效应管，它的栅源之间不存在 PN 结，所以 U_{gs} 大于零时 N 沟道变得更宽，沟道电阻更小，在同样 U_{ds} 值的条件下，I_d 更大。

如果以掺入杂质浓度很低的 N 型硅片作底衬，用同样的方式可制作成 P 沟道的绝缘栅场效应管，它也有增强型和耗尽型两种。

四、使用 MOS 管的注意事项

1. MOS 管在不使用时，须将它的三个电极接在一起，以免由于外电场的作用造成管子损坏。

2. 在焊接 MOS 管时，对工作台、电烙铁、操作人员应有防静电措施，以免静电场或交流感应电场的作用使 MOS 管损坏。

3. 有些绝缘栅场效应管在出厂前已把衬底与源极连在一起，在使用时应注意漏极和源极，不能对调，以免造成电路工作不正常，甚至损坏 MOS 管。

4. 在使用场效应管时，要注意漏源电压、漏极电流、栅源电压、耗散功率等，不要超出规定的最大允许值。

五、CMOS 器件

用一个 N 沟道绝缘栅场效应管 V1 和一个 P 沟道的绝缘栅场效应管 V2 组合起来，且两管的栅极连在一起，两管的漏极也连在一起，构成互补组合器件，称作 CMOS 器件，如图 1—15 所示。

在 V1 管的栅极与源极输入信号 u_i，当 u_i 增大时，V1 管为漏极电流 i_{d1} 增大，而 V2 管的漏极电流 i_{d2} 减小；反之 u_i 减小而 i_{d2} 增大，它们起到了互补的作用。目前这种 CMOS 器件已被广泛用于数字和模拟集成电路中。

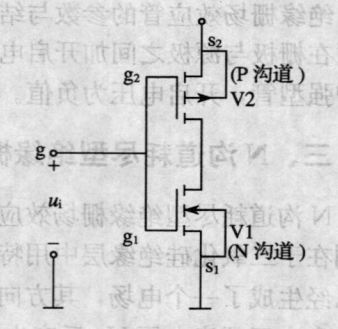

图 1—15 CMOS 管构成的示意图

六、大功率高速度场效应管——VMOS 管

前面介绍的场效应管，因其功率小、工作速度慢而不能满足某些场合的需要。伴随着半导体技术的发展，现已生产出一种大功率高速度的绝缘栅型场效应管称作 VMOS 管，其结构如图 1—16a 所示。它是在掺入杂质浓度高的 N^+ 作的衬底上，外延生长低掺杂的 N^- 层，然后用双扩散工艺形成 1 μm 左右的沟通（P 区），再用各向异性腐蚀剂腐蚀出 V 形槽以露出栅区，在它的上面生长出一层极薄的二氧化硅作绝缘层。在正面用金属沉积法制作出源极 s 和栅极 g 并引出电极线。在背面 N^+ 衬底上制作出漏极 d。这就是 VMOS 管。

为了增大饱和漏极电流 I_{dss}，提高最大耗散功率 P_{dm}，把 V 形槽改制成 U 形槽，就成了 UMOS 管，如图 1—16b 所示。

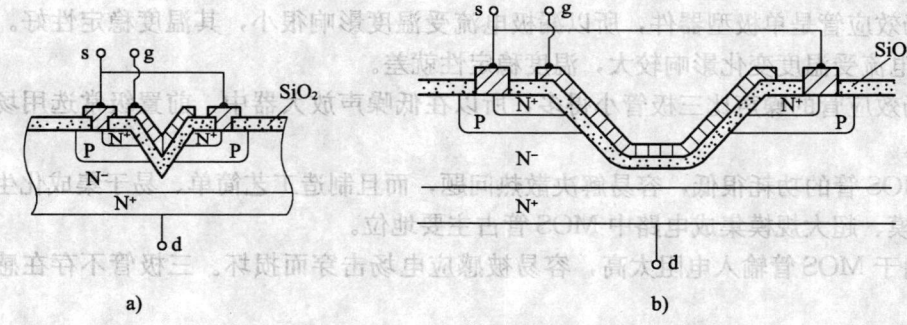

图 1—16 VMOS管、UMOS管结构示意图
a) VMOS管结构示意图 b) UMOS管结构示意图

普通 MOS 管是平面导电器件，漏极电流总是在平行于器件表面的导电沟中流通。而 VMOS 管及 UMOS 管采用了类似双极型器件（三极管）的垂直方向导电结构，漏极位于管芯的背面，源和栅在管芯的上面，形成电流通道为：源极→沟道区→漂移区→漏极。最终接近漏极时电流通道是垂直于漏极表面的。因此称 VMOS 管（V 表示垂直的意思）。这种垂直导电结构使电流的容量大大提高，因此它的传输功率比普通 MOS 管大得多。

VMOS 管和 UMOS 管的最大特点是耗散功率大、工作速度快、耐压高、转移特性曲线的线性度高，是较理想的大功率器件。而且这种大功率输出的器件所需的驱动功率并不大，可用 CMOS 集成电路驱动，也可用双极型器件 TTL 集成电路驱动，如图 1—17 所示。

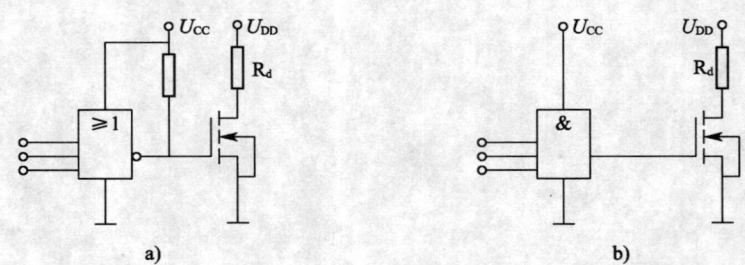

图 1—17 VMOS管的驱动电路
a) 用 CMOS 集成电路驱动 VMOS 管示意图   b) 用 TTL 集成电路驱动 VMOS 管示意图

七、场效应管与三极管的性能比较

场效应管和三极管虽然都是半导体器件，但它们有很大的区别。

1. 场效应管是电压控制器件，几乎没有输入电流；三极管是电流控制器件，必须有足够的输入电流才能工作。

2. 场效应管的输入电阻很高，结型场效应管的输入电阻达到 $10^5 \sim 10^8 \Omega$，而绝缘栅场效应管的输入电阻在 $10^8 \Omega$ 以上，最高可达 $10^{10} \sim 10^{15} \Omega$。

3. 场效应管是单极型半导体器件，它是利用导电沟道中的电子（在 N 沟道中用电子；在 P 沟道中用空穴），即一种极性的载流子传导电流。而三极管是双极型半导体器件，它在导电过程中，半导体中的电子和空穴同时参与传导电流。也就是既有电子（负极性载流子）

参与导电又有空穴（正极性载流子）参与导电，所以称双极型器件。

4. 场效应管是单极型器件，所以漏极电流受温度影响很小，其温度稳定性好。三极管的集电极电流受温度变化影响较大，温度稳定性就差。

5. 场效应管的噪声比三极管小得多，所以在低噪声放大器中，前置级常选用场效应管作放大器。

6. MOS 管的功耗很低，容易解决散热问题，而且制造工艺简单、易于集成化生产。目前的大规模、超大规模集成电路中 MOS 管占主要地位。

7. 由于 MOS 管输入电阻太高，容易被感应电场击穿而损坏。三极管不存在感应击穿问题。

8. VMOS 管能工作在大电流、高电压、大功率的状态下，并且它的跨导大、线性好、极间电容小，适于在高频、高速的条件下工作，是较理想的大功率器件。目前三极管无法达到这样的性能。

第二章 装 配

第一节 试 装 配

一、概念

试装配的目的是验证图样,考核、完善工艺过程。在电子仪器仪表的新品设计和产品改造过程中,试装配工作是很重要的,它是设计图样及改革方案的初次实施。机械结构和电气线路的试装配,是对设计和工艺的合理、可实施性的一个考验,通过试装可以摸索改进操作方法、改造工装,是一次有意义的尝试,可见试装配是非常必要的。

二、整机试装配的工艺过程

产品生产的工艺过程是按照工艺文件的要求,把元器件、零部件分别安装在印制电路板、机壳和面板的指定位置上,形成完整的电子产品。根据产品的复杂程度、技术要求的高低、工人技能等情况的不同,整机装配的工艺也应有所不同。一般批量生产的中小型电子产品,通常在流水线上进行。装配过程如图2—1所示。

从图中可以看出几种不同的组件,如印制板、面板、导线束的制作等可同时进行操作,在各个单元装配结束后再装配到整机上面,统一调试,经老化处理后细调、试验,然后检查出厂。

三、检验工艺过程,工装设备的合理性

按上述工艺过程装配生产的产品,从工艺过程中我们就可以看出过程哪一步合理,哪一步有问题,这样就可以提出改进意见重新安排。工艺装配的合理性、实用性也可以通过实际生产当中发现问题进行改进。另外,

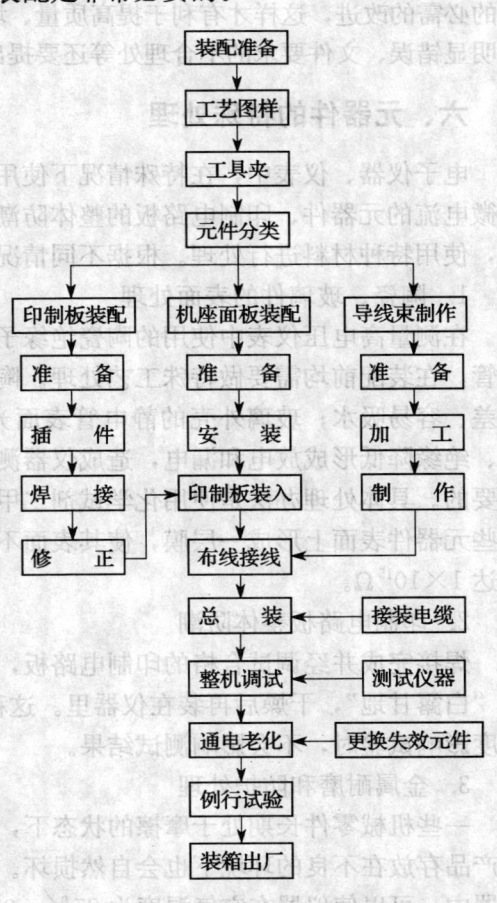

图2—1 整机装配的工艺过程

整机的调试和老化时间上的具体工艺也可以进行必要的改进，以便摸索出规律提高产品质量和生产效率。

四、检验整机运行情况（是否达到技术要求）

当整机装配、调试完成、出厂检验合格后，产品即可包装出厂了。在包装前还要对出厂指标以外的其他各项指标是否达到技术要求的规定进行例行试验的检查。检查结果全部满足了技术条件的要求，即为产品全部合格。

产品在实际运行当中，其自身的指标如输出的稳定度，负载的变化，均是要检定的项目，使用环境的变化也同样是影响仪器技术指标的因素，因此我们在实际的试验当中要加以注意。

五、对工艺过程的改进提高

仪器的组装调试是按照预先安排的流程进行的，仪器装配、调试、检验的全过程也是对装配工艺、装配过程、工位安排的初步认识。全部过程在运作中哪一步骤不符合要求，哪些地方流通不畅，对装配时间，质量产生哪些影响，如何改进出现的问题要有定论，并进行必要的必需的改进，这样才有利于提高质量、增强效率、改进工作。当然一些原则问题，如图样的明显错误、文件要求的不合理处等还要提出改正意见，说明原因，报有关部门批准、备案。

六、元器件的特殊处理

电子仪器、仪表中，在特殊情况下使用的元器件是要做特殊处理的，如高压元器件、测量微电流的元器件、印制电路板的整体防潮、特殊金属件的耐磨防锈等都要有特殊的处理方法，使用特种材料进行处理。根据不同情况分别介绍如下。

1. 陶瓷、玻璃件的表面处理

在测量高电压仪表中使用的陶瓷绝缘子，高阻计和微电流计中前置级使用的玻璃外壳静电管，在装配前均需要做特殊工艺处理。陶瓷绝缘子是使用陶土压制而成的，组织较松、密度差、容易吸水；玻璃外壳的静电管表面光滑，潮气容易在表面结露，使器件表面电阻下降、绝缘降低形成放电和漏电，造成仪器测量结果不准确，因此关键器件做防水处理是非常必要的。具体处理办法是使用化学试剂二甲基二氯硅烷在元器件表面上做处理，经过处理后这些元器件表面上形成一层膜，使其表面不再吸水，从而提高了表面电阻。处理后表面电阻可达 $1\times 10^{15}\Omega$。

2. 印制电路板整体防潮

焊接完成并经调试合格的印制电路板，需经表面清洗干燥后，在其表面涂一层绝缘防潮漆"白露甘地"，干燥后再装在仪器里。这种处理对印制电路板有良好的防护作用，在进行湿度影响试验时，不会影响测试结果。

3. 金属耐磨和防护处理

一些机械零件长期处于摩擦的状态下，极容易生锈和磨损，使仪器的使用寿命降低。有些产品存放在不良的环境下也会自然损坏。采用"823"防护剂对零件进行处理后再安装在仪器中，可以使仪器在空气湿度为85%～90%的环境中存放和工作。基本不磨损、不生锈，效果很好。这种方法一般使用在军工产品上。

第二节 设 备

一、常用设备

1. 信号源

信号源即信号发生器,它是在电子仪器仪表生产调试工作中不可缺少的设备,它可以提供不同波形、频率的信号,对产品的调试、界定有着重要的意义。它提供的正弦、脉冲、方波等多种波形,频率范围在 1 Hz～300 MHz,可以满足不同种类和测试频率的要求,供多种情况下使用。一般情况下,低频率正弦波信号发生器应用较多,有些发生器是专用的,适用特殊测试条件下的特种需求。

2. 直流电源

直流电源是一种常用设备,一般可分为直流稳压电源和直流稳流电源。稳压电源输出电压在40 V以下的我们称低压稳压源,100～600 V 的称为直流高压稳压电源。常用的稳流电源输出电流一般为 1～100 A、输出电压 6～60 V。少数稳压电源和稳流电源输出是固定的,但大多数是可调输出的,其稳定度在 0.1%～0.01%,精度在 1%,纹波在 1～10 mV 之间。输出可调的稳压电源和稳流电源使用方便、用途广泛,对调试仪器和实验是不可缺少的设备。

3. 交流稳压电源

一般情况下使用的工作电源均为市电,但市电的电压变动在±10%～±15%,很不稳定。这对于使用的高稳定度和高精度设备来说是不能满足需要的。采用交流稳压器来替代市电为仪器供电可以解决市电不稳定的问题。由于高精度、高稳定度的设备本身就带有自动稳定电压的电路,这样要求交流稳压器稳定度在 1%即可,一般设备 1%的稳定度完全满足需要。高精度设备经过两级稳压完全可以保证其输出的稳定度。另外有些仪器设备在使用时,会干扰供电电流,这样会影响其他用户的使用。随着高新科技的发展,为了减小电源的不良辐射和提高本身的抗干扰能力,一种新型的静化电源逐渐应用在仪器调试工作中。它除了可以保证提供稳定的电压外,还保证正弦波形和纹波系数不受杂波的干扰,使调试工作更为顺利。

4. 气源

以压缩空气作为气动工具的动力来完成铆接、压合、剪断等工作是很方便的,它既清洁又安全,噪声和污染又小。同时它可以用来清理毛坯上的尘土,成品包装前为保证外观整洁,利用气源进行除尘也是很实用的。有些冲床也可用压缩空气、吸盘移动工件、动件换位,可以减少机械损失保证质量、提高生产效率。气源在生产线上是必不可少的。

二、专用设备

1. 自动插件机

自动插件机是由微处理器按印制板装插元件的要求预先编制的程序,通过机械手与其联动的机构，将达到一定规格要求的电子元件插入并固定在印制板预制孔中。按元件插装方向，它分为轴向自动插件机和径向自动插件机两类：

(1) 轴向元件的自动装插

1) 编辑带程序。装插前，首先要按照印制电路板上电阻元件自动装插的路线在编辑机上进行编带程序编辑。装插路线一般按 Z 字形走向，编带程序就反映了各种规格的电阻器按此装插路线顺序进行插件。

2) 编带机编织插件料带。在编带机上，将编带程序输入给控制编带的电脑，编带机根据电脑发出的指令控制编带机运行，并把编带机料架上旋转的不同阻值的电阻料带自动编排成按装插路线为顺序的料带。编带过程中若发生元件掉落或元件不符合程序要求时，编带机的电脑自动监测系统会自动停止编带，纠正错误后编带机继续往下运行，保证编出的料带质量完全符合编带程序的要求。元件料带的编排速度由电脑控制编排速度，每小时可达25 000个左右。

3) 装插机自动装插元器件。编带机编织好的元件料带旋转在自动装插机料带架上。印制板放在装接机的 $X-Y$ 旋转工作台上，装接机由电脑程序控制，电路板上 X 轴方向的元件装好后，再装接 Y 轴方向的元件。

(2) 径向元件装插

电解电容、云母电容、二极管和三极管等径向装插的元器件，可在立式自动装插机上装插。

自动插件机有较高的装插生产效率，一般每分钟能完成 100～200 件次数的插装，最高可达每分钟 530 件次。自动插件机一般可以完成 X、Y 任意一个轴向的元件装插，不同类型的自动插件机一次编程，即可完成几十种不同元件的装插。除此之外，自动插件机还具有微处理器控制的保证装插质量的自动监测系统。

(3) 自动插装工艺

自动插入元件工艺目前主要加工下列元件：轴心线电阻、电容、二极管和跨接线、形状酷似轴心线电阻的集成电路，以及双列直插式封装元件等。

自动插装工艺除了要求印制板有符合插件机所要求的外形尺寸外，还要求装卡定位型孔要符合各项规定的精度；元件安装孔距尺寸的要求为 5、7.5、10、12.5、15 mm 等规格，对轴向、径向元件分别有允许最大长度、最大直径尺寸等要求；电子元件的规格应当满足不同机型的要求，例如元件需按规定编带等，如图 2—2 所示。元件编带就是将每个规格元件的两条引线以胶带固定，使每个元件彼此平行和保持相等的距离，以及所需要的供应长度。印制板上元件的安装间距，应当满足该机型的机械手装插距离的尺寸要求。

完成这一系列工艺的执行者就是插件机。插件机是对电子产品在印制电路板上装插元件时，所用的专用设备和通用设备的总称，目前印制电路板上元件的装插正从手工、半机械化操作向机械化和自动化方向发展。

2. 波峰焊机

波峰焊是让组装好元件的印制板与熔融焊料的波峰相接触，实现焊接的方法。这种方法适合于大批量焊接印制板，焊接质量好、速度快、操作方便，如与自动插件器配合，即可实现半自动化生产，它对焊接中出现的问题可以在波峰焊接时得到较好的控制。

波峰焊机在构造上有圆周型和直线型两种，它的基本构造都是由涂助焊料装置、预热装置、焊料槽、冷却风扇和传动机构等组成，波峰焊接机结构示意图如图 2—3 所示。

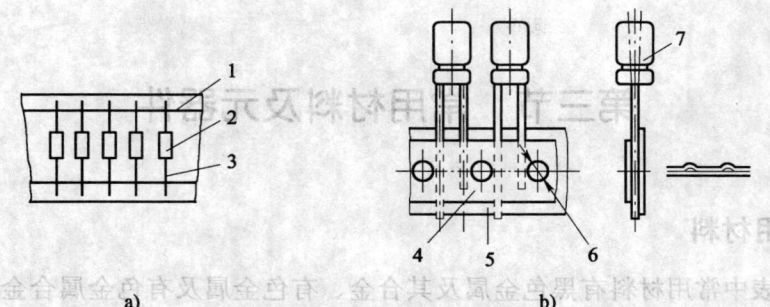

图 2—2 元器件编带
a) 轴向元件编带 b) 径向元件编带
1—胶（纸）带 2—电阻器 3—引线 4—胶带 5—纸带 6—引导孔 7—电容器

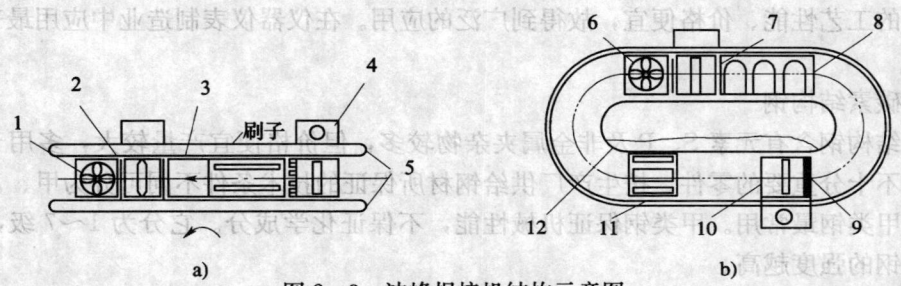

图 2—3 波峰焊接机结构示意图
a) 直线型 b) 圆周型
1、6—冷却风扇 2—焊料槽（热板） 3—预热器（热风式加热器）4—涂焊剂装置 5—传送带
7—焊料槽 8—预热器 9—刷子 10—涂焊剂 11—台车 12—链条

将已装插好元器件的印制板放在能控制速度的传送导轨上。导轨下面有能自动控制温度的熔锡缸，锡缸内装有机械泵和具有特殊结构的喷口。机械泵根据焊接要求不断压出平稳的液态锡波，焊锡以波峰形式源源不断地溢出，进行波峰焊接。

波峰焊接过程：熔融的焊锡在一个较大的料槽中，在料槽底部装有锡泵。泵分机械泵和电磁泵两种，它将熔融的锡向上泵送，形成波峰，根据波峰的形状又分为单向波峰和双向波峰两种，波峰形状示意图如图2—4所示。印制板由传导机构控制，使焊接面与波峰相接触，进行焊接。

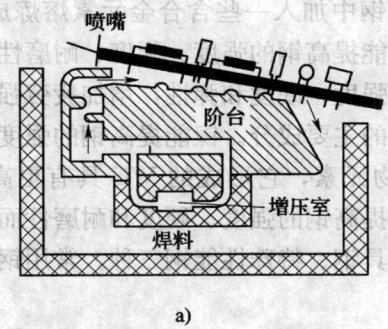
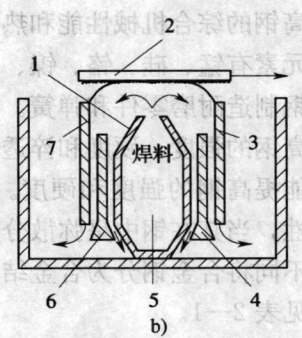

图 2—4 波峰形状示意图
a) 焊料单向波峰示意图 b) 双向波峰示意图
1—喷嘴 2—印制电路板 3、7—侧板 4、6—闸门 5—增压室

第三节 常用材料及元器件

一、常用材料

在仪器仪表中常用材料有黑色金属及其合金、有色金属及有色金属合金、非金属材料等。下面分别介绍几种应用较广泛的材料。

1. 碳素钢

碳素钢是含碳量小于 2.11% 的铁碳合金，其机械性能可满足一般机械和工具的要求，又有良好的工艺性能、价格便宜，故得到广泛的应用。在仪器仪表制造业中应用最普遍的碳素钢有：

（1）碳素结构钢

碳素结构钢含有元素 S、P 及非金属夹杂物较多，但价格便宜产量较大，多用于制造要求不高或不十分重要的零件。按生产厂供给钢材所保证的技术条件不同可分为甲、乙和特类钢，其中甲类钢最常用。甲类钢保证机械性能，不保证化学成分。它分为 1～7 级，牌号数字越大则钢的强度越高。

（2）优质碳素结构钢

优质碳素结构钢中 S、P 含量较少，出厂时保证机械性能，又保证化学成分，还可以进行热处理，以提高其机械性能。

优质碳素结构钢的牌号用两位数字表示，该数字是钢中含碳量百分数的平均值。例如 45 号钢，表示平均含碳量为 0.45% 的优质碳素结构钢。08 号钢表示平均含碳量为 0.08% 的优质碳素结构钢。

含锰量在 0.8% 以上的优质碳素结构钢，其牌号是在钢号二位数字后面标出锰元素的符号如 15Mn、50Mn。若为沸腾钢、半镇静钢等专门用途的优质碳素结构钢，则在钢号后面标出规定的符号如 10F、10b 分别表示 10 号沸腾钢和 10 号半镇静钢。

2. 合金钢

为了提高钢的综合机械性能和热处理能力，在钢中加入一些含合金元素熔炼成合金钢。加入的合金元素有锰、硅、铬、镍、钼、钨等。锰能提高钢的强度、硬度、耐磨性和冲击韧性，常用锰钢制造耐磨零件和弹簧。硅能提高钢的强度，硬度和弹性，增加疲劳强度。

铬能提高钢的强度、硬度和淬透性，是不锈钢的主要成分。镍能提高钢的强度、韧性和耐热性。钼能提高钢的强度和硬度。钨属强碳化物元素，它形成的 WC 具有更高的熔点、硬度和耐磨性，当其在钢中呈弥散分布时，能显著提高钢的强度、硬度、耐磨性而不降低韧性。按用途不同将合金钢分为合金结构钢、合金工具钢、特殊性能钢三种。常用钢材的性能及应用举例见表 2—1。

3. 有色金属材料

（1）铜合金

1) 黄铜。黄铜是铜和锌的合金，具有较好的机械性能和工艺性能。常用的牌号有

H80、H68、H62等，主要用于弹性元件（波纹管、膜片）。

2）锡青铜。锡青铜是铜与锡的合金，具有高的耐磨性、机械性能、铸造性及耐蚀性。其常用的牌号有 QSn6.5－0.1、10－1 锡青铜（ZCuSn10Pb1）、5－5－5 锡青铜（ZCuSn5Pb5Zn5）等。主要用于制造耐磨零件，如轴承、衬套、导轨等。

表2—1　　　　　　　常用钢及铸铁材料的性能及应用举例

		抗拉强度 σ_b (MPa)	屈服点 σ_s (MPa)	伸长率 δ (%)	硬度 HBS（正火、回火）	HB（调质）	HRC（表面淬火）	
铸钢	ZG270－500	500	270	18	≥143	—	40～45	机架，一般机械零件
	ZG310－570	570	310	15	≥153	—	40～45	重载零件如齿轮
	ZG42SiMn	600	380	12	163～217		45～53	重载耐磨零件如齿轮
	ZG340－640	640	340	12	169～229		45～55	重型机械重要零件如齿轮
普通与优质碳素钢	Q235	395～460	235	26	126～159	—	—	金属结构件，一般紧固件
	08F	295	175	35	≤131			垫片等冲压件
	20	410	245	25	156			锻压件、中载零件、小螺栓、渗碳件
	35	530	315	20	187			中载零件如轴，螺栓
	45	600	350	16	241			重载耐磨零件如齿轮
	55	645	380	13	255			轮缘，不重要的小板簧
合金结构钢	35SiMn	800	520	15	—	229～286	45～55	中、小零件如齿轮，轴，重要紧固件
	40Cr	980	750	9	—		48～55	中载重要零件如齿轮、轴
	40CrMn	980	835	9	—		45～55	大型重载零件如大齿轮齿圈
	40MnB	980	785	10	—			40Cr 的代用钢材
	20CrMnTi	1 085	835	10			56～62（渗碳）	重要渗碳零件如齿轮
	38CrMoAlA	980	835	14			HV>850（氮化）	重载氮化零件如齿轮、主轴
弹簧钢	65	695	410	10	硬度 HB（热轧）≤255			小尺寸的各种普通弹簧
	65Mn	735	430	9			≤269	大尺寸的各种普通弹簧
	60Si2Mn	1 300	1 200	5			≤302	各种重要弹簧

注：表中钢号后字母F代表沸腾钢。

3）铍青铜。铍青铜是一种机械性能、物理化学性能均较好的合金。经过淬火和调质后，它具有很高的强度、弹性、屈服极限和疲劳极限，此外还有较好的导电性、导热性及硬度，但其价格较高。常用的牌号有 QBe2、QBe1.7、QBe1.9 等，常用以制造高精密的弹性元件及特殊要求的耐磨零件。

4）铝青铜。铝青铜的特点是化学稳定性高，比锡青铜更耐酸、碱。同时具有相当好的耐磨性能和工艺性。其强度、硬度和塑性都超过锡青铜。铝青铜主要用作弹簧和其他要求耐蚀的弹性元件及高载荷下工作的抗磨、耐蚀零件，如轴承、轴套、齿轮、蜗轮等。常用的牌号有 QAl5、QAl7、QAl9－2、QAl9－4 等。

5) 硅青铜。硅青铜 QSi3－1 具有高强度、弹性和耐磨性，常用在腐蚀介质中工作的各种零件，如弹簧、齿轮、蜗轮、蜗杆、轴套等。

6) 钛青铜。钛青铜性能与铍青铜相似。只是导电性能稍差，价格便宜，因此可代替铍青铜作弹性材料使用。常用的钛青铜有 QTi3.5－0.2 和 QTi1.5－0.5。

常用的铜合金牌号、成分、性能及应用举例见表 2—2。

表 2—2　　　　　常用铜合金牌号、成分、性能及用途

组别	牌号	代号	Cu 以外成分（%）		力学性能			用途举例
			Sn	其他	σ_b (MPa)	δ_s (%)	HB	
青铜	10—1 锡青铜	ZCuSn10Pb1	9～11	P0.6～1.2	220 / 250	3 / 5	80 / 90	耐磨、耐冲击负荷的重要零件，如齿轮轴承、轴套等
	5—5—5 锡青铜	ZCuSn5Pb5Zn5	5～7	Zn4～6 / Pb4～6	220 / 220	13 / 13	50 / 50	中等或较高载荷下的耐磨零件，如轴承、衬垫、仪器导轨等
	7 铝青铜	QAl7	Al 6.0～8.0	余量 Cu	$\frac{470}{980}$	$\frac{70}{3}$	$\frac{70}{154}$	重要用途的弹簧和弹性元件
	2 铍青铜	QBe2	Be 1.9～2.2	Ni0.2～0.5 余量 Cu	$\frac{500}{850}$	$\frac{40}{3}$	$\frac{64}{245}$	重要的弹簧与弹性元件，耐磨零件以及在高速、高压和高温下工作的轴承
	3—1 硅青铜	QSi3—1	Si 2.75～3.5	Mn1.0～1.5 余量 Cu	$\frac{350～400}{650～750}$	$\frac{50～60}{1～5}$	$\frac{80}{180}$	弹簧、在腐蚀介质中工作的零件及蜗轮、蜗杆、齿轮、衬套、制动销等
			化学成分（%）					
			Cu	其他				
普通黄铜	90 黄铜	H90	88.0～91.0	Zn	$\frac{260}{480}$	$\frac{45}{4}$	$\frac{53}{130}$	仪器仪表中受力不大的弹簧与膜片，并用于镀层及装饰
	68 黄铜	H68	67.0～70.0	Zn	$\frac{320}{660}$	$\frac{55}{3}$	—	仪器仪表中的波纹管及散热器外壳和导管
	62 黄铜	H62	60.5～63.5	Zn	$\frac{330}{600}$	$\frac{49}{3}$	$\frac{56}{164}$	仪器仪表中受力不大的弹簧及膜片、热电阻保护套管、铆钉、垫圈、螺母等

(2) 铝合金

在铝中加入适量的硅、铜、镁、锰等元素即形成铝合金。铝合金的最大特点是密度小，比弹度（即强度极限与密度的比值）高，同时还有相当好的塑性和良好的耐蚀能力。铝合金包括变形铝合金和铸造铝合金。

1) 变形铝合金。变形铝合金有较好的塑性，适于进行冷、热加工。变形铝合金中包括防锈铝（LF21、LF5）、硬铝（LY12）、超硬铝（LC4）、锻铝（LD5、LD7）等。其中硬铝应用较多，常用来制造光学仪器和精密机械中的零件，如绳轮、带轮、齿轮及导轨等。也可用作自动化仪表中的指针、度盘等。

常用变形铝合金牌号、性能及应用举例见表2—3。

表2—3　　　　　　　　常用变形铝合金的牌号、性能及应用

名称	牌号	力学性能			主要特性	应用
		σ_b（MPa）	δ_s（%）	HBS		
防锈铝	LF21	130	23	30	耐蚀性好，压力加工及焊接性好，强度低	自动化仪表中的面板、铆钉及防爆接头等
	LF5	260	22	65		
硬铝	LY12	420～500	10～18	105～131	强度高，耐蚀性不高	仪表外壳、面板、门罩及支架等
超硬铝	LC4	600	12	156	室温下强度最高	承力构件和高载荷零件
锻铝	LD5	420	13	105	锻造性能好	形状复杂、中等强度的锻件、冲压件
	LD7	440	12	120	耐热性能好	高温下工作的复杂锻件及结构材料

注：表中机械性能数值：防锈铝为退火状态指标；硬铝为（淬火＋自然时效）状态指标；超硬铝为（淬火＋人工时效）状态指标；锻铝为（淬火＋人工时效）状态指标。

2) 铸造铝合金。铸造铝合金具有较好的铸造性能，它包括铝硅合金（ZL101）、铝铜合金（ZL201）、铝镁合金（ZL301）、铝锌合金（ZL401）。它们主要用以铸造仪器仪表壳体等。

常见铸造铝合金牌号、性能及应用见表2—4。

表2—4　　　　　　　　常用铸造铝合金的牌号、性能及应用

名称	牌号	力学性能（不低于）				主要特性	应用
		铸造方法	热处理状态	σ_b（MPa）	δ_s（%）	HB	
铝硅合金	ZL101	J	T_5	210	2	60	铸造性、耐蚀性好，强度较高，耐热性不好	形状复杂，承受中等载荷，要求耐蚀性气密性高的仪表外壳，仪器零件
	ZL102	J	T_5	150	3	50	铸造性、耐蚀性好，机械性能、耐热性不高	形状复杂，承受较低负荷，要求耐蚀性气密性高的仪表壳体
	ZL103	J	T_5	250	0.5	75	铸造性尚好，耐热性较高，耐蚀性较差	承受中等载荷，工作温度较高，耐蚀性要求不高的仪表外壳及油泵壳体
铝铜合金	ZL201	S	T_4	300	8	70	强度及耐热性高，铸造性及耐蚀性差	高温下承受高载荷的形状不太复杂的零件

续表

名称	牌号	铸造方法	热处理状态	力学性能（不低于）			主要特性	应用
				σ_b (MPa)	δ_s (%)	HB		
铝镁合金	ZL301	S	T_4	280	9	60	机械性能好，耐蚀性极高，铸造性差，耐热性不高	形状不复杂，承受高载荷并与腐蚀介质接触的零件
铝锌合金	ZL401	J	T_3	250	1.5	90	铸造性良好，强度高，耐热性低	大型、高载、复杂的仪器零件及医疗器械

注：1. 表中铸造方法符号为：J 为金属型铸造；S 为砂型铸造。
　　2. 表中热处理状态代号为：T_1 为人工时效；T_2 为退火；T_4 为淬火；T_3 为淬火和部分时效。

3）精密合金。精密合金是指具有特殊物理性能（如恒弹性空热膨胀性等）的合金。

①弹性合金。弹性合金用做仪器仪表、精密机械中的弹性元件，如膜片、膜盒、波纹管、簧片、游丝等。它们的质量好坏关系到仪器仪表的精度、稳定度和使用寿命。常用的合金包括高弹性合金和恒弹性合金等。高弹性合金的特点是，有高的弹性模量和强度，以及较好的耐蚀性。恒弹性合金的特点是在一定的温度范围内，弹性模量变化很微小，其固定频率随温度的变化也很小。常用的高弹性合金有 3J21、3J22 等；恒弹性合金有 3J53、3J58 等。

②定膨胀合金。定膨胀合金如 4J29 的铁、镍、钴、玻璃封接合金等，它在 $-60\sim400$℃ 范围内，具有一定的线膨胀系数，且与玻璃的线膨胀系数接近。

4. 非金属材料

随着工业生产的发展，非金属材料的应用愈来愈广泛。特别是非金属材料的成型工艺简单，又具有某些特殊的性能，因此已成为仪器仪表工业所使用材料的重要组成部分。

（1）工程塑料

工程塑料是以合成树脂为主要成分的有机高分子材料。它具有很好的成型加工性能，能制成各种形状的制品。常用的工程塑料有：

1）尼龙（PA）。尼龙具有坚韧、耐磨、耐疲劳、耐油、耐水、吸水性强等特点，主要用作仪表齿轮、凸轮、轴承等机械仪表零件。

2）聚碳酸酯（PC）。聚碳酸酯具有良好的机械性能，尤其是抗冲击强度高、抗蠕变性好和尺寸稳定性好。其缺点是易开裂。

3）丙烯腈—丁二烯—苯乙烯共聚体（ABS）。ABS 的综合性能较好，具有高的抗冲击韧性和较高的机械强度，优良的耐油、耐水性能和化学稳定性，耐寒性好，尺寸稳定性高并有低的摩擦特性和一定的耐磨性，是目前应用最广的工程塑料之一，在仪器仪表中常用来制造表壳、齿轮等零件。

（2）橡胶

橡胶是一种高分子材料，其独特的性能是高弹性、有缓和冲击、吸收振动的能力，广泛用作仪器仪表中减振器件和密封圈。

二、常用元器件

电子仪器仪表常用元器件除电阻、电容、电感和普通晶体二极管、三极管之外，还有其他的半导体器件，如稳压二极管、变容二极管、发光二极管、光电晶体管等多种元器件，现分别介绍如下：

1. 稳压二极管

稳压二极管是稳压电路的基本元件。电路的稳压效果与稳压管有直接关系。稳压二极管是一种采用特殊工艺制造的面结合型二极管，具有稳定电压的特点。它的正向特性与一般二极管相似，而反向击穿特性却大不相同，在一定的反向电压范围内，即反向击穿区内曲线非常陡峭，PN结不会损坏，而当反向电压减小后二极管恢复原来特性。其电压、电流特性曲线如图2—5所示。稳压二极管正是利用其击穿效应工作的，只要限制击穿电流，使其功率损耗不超过额定值，稳压管就可以长期工作在反向击穿区。从图中可以看出，当反向电压较小时稳压管的反向电流很小，如曲线 OA 段。

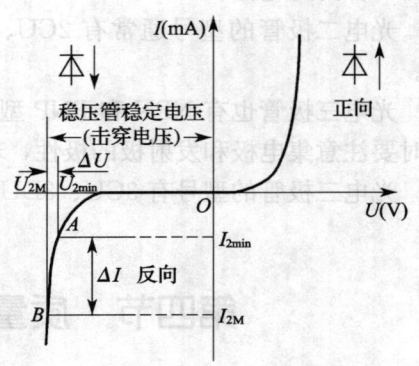

图2—5 稳压二极管特性曲线

当反向电压达到 U_{2min} 时，对应反向电流为 I_{2min}，继续增大反向电压，稳压管的工作状态进入击穿区。超过 U_{2M} 时 PN 结击穿严重，流过 PN 结电流增加到 I_{2M} 过大，这时稳压管将过热烧坏。

当反向电流被限制在 I_{2min} 到 I_{2M} 之间变化（ΔI）时，稳压管两端的反向电压从 U_{2min} 到 U_{2M} 变化（ΔU），ΔI_2 变化较大，而 ΔU 变化很小，如曲线 AB 段。稳压管正是利用其伏安特性中反向击穿区 AB 段，反向电流大范围变化而反向电压几乎不变的特性来稳压的。

2. 开关二极管

开关二极管和普通二极管的导电特性相同，即加正向偏置电压导通，正向电阻很小；加反向偏置电压截止，反相电阻很大。二极管的这一特性在电路中可起到接通或关断的作用。开关二极管和普通二极管的不同之处在于通过特殊工艺使开关二极管的开关时间非常短（硅管仅几个纳秒），即它的开关速度非常高，因此被广泛应用在脉冲电路和自动控制电路中。开关二极管的型号有 2CK、2AK 等系列。

3. 变容二极管

变容二极管具有显著的变容效果，当变容二极管加反向电压时，其 PN 结的结电容会随着反向电压变化而变化。如果将变容二极管用于 LC 振荡回路中，通过加在变容二极管上的调制信号，可使振荡回路的谐振频率随之改变。变容二极管的型号有 2AC、2CC、2EC 等系列。

4. 发光二极管

发光二极管通常用砷化镓、磷化镓等半导体材料制成，在通过正向电流时会发光，发光的颜色取决于所用的材料，可发出红、黄、绿及红外光。发光二极管被广泛应用于数码显示、电气设备的指示灯等。红外发光二极管主要用于光电传感技术。发光二极管的型号有 2EF201 系列，有的用 LEDBT 等后面加尾数的方法表示。发光二极管通常用透明的塑料封装，管脚长的为正极，管脚短的为负极。有的发光二极管有三个引出脚，据管脚电压情况能发出两种颜色的光。

5. 光电晶体管

光电二极管和光电三极管通称光电晶体管。光电二极管工作时加上正向电压在光照射下产生光电流，光电流随光照强度的增加而上升。如果制成大面积的光电二极管则可当作一种能源，称为光电池。

光电二极管的型号通常有 2CU、2AU、2DU 等系列。光电池的型号有 2CR、2DR 系列。

光电三极管也有 NPN 和 PNP 型两种，其基极装在玻璃透镜里，以接收入射光线。使用时要注意集电极和发射极的极性，若两者接反，则光电流很小。

光电三极管的型号有 3CU、3DU 等系列。

第四节　质量管理与控制（ISO 9000）

随着全球贸易竞争的日益加剧和经济发展的需要，对产品质量也提出了更高的要求，因此许多国家都制定了各种质量保证制度。但是由于各国的经济制度不同，所采用的质量术语和概念也不相同，各种质量制度很难被互相认可或采用，影响了国际间贸易的发展。国际标准化组织（ISO）为满足国际经济贸易交往中质量保证体系的客观需要，对各国质量保证制度进行了总结，并在此基础上，经过十年的努力，于 1987 年发布了 ISO 9000 质量管理和质量保证标准系列。因为该标准系列集科学性、系统性、实践性和指导性等于一身，问世后受到许多国家和地区的关注。到目前为止，已经有几十个国家和地区采用了这本标准系列。

改革开放使我国市场经济迅速发展，国际间贸易迅速增长，特别是加入 WTO 后我国经济全面置身于国际大环境中，同国际接轨已成为发展经济的重要内容。国家技术监督局于 1992 年 10 月发布文件，颁布了等同采用 ISO 9000 标准的 GB/T 19000 质量管理和质量保证标准系列。在相当长的一段时期内，大力推行 GB/T 19000 标准系列，积极开展认证工作，提高企业管理水平，增加产品竞争能力，跻身于国际市场，将是我国企业最重要的中心工作。

电子工业发展迅速，电子产品更新换代快、竞争激烈。因此在电子产品的整个生产过程中必须推行全面质量管理。不断使用新技术，推出新产品，并保证其品质优良、可靠性高，才能使产品具有生命力。

所谓产品生产是指产品从研制开发到商品售出的全过程。该过程应包括设计、试制、批量生产三个主要阶段，而每一阶段又分为若干层次。产品质量包含产品的寿命、可靠性、安全性、经济性、性能水平等诸多方面的内容，产品质量的优劣决定了产品的销售业绩，甚至决定了企业的前途与命运。

为了向用户提供满意的产品服务，提高产品的竞争力和企业的竞争力，世界各国都在积极地推进全面的质量管理（TQC）。目前，全面质量管理已经形成一门完整的科学，正在各企业中大力推行。全面质量管理并不仅限于产品的质量，还涉及到与产品质量有关的人员、材料、工艺设备、环境等工序质量和组织、管理、技术等工作质量，以及影响产品质量的其他各种直接或间接的工作。全面质量管理应贯穿于产品从市场调研到产品售后服务的全过程，全面质量管理企业全体职工包括操作工人、工程技术人员、管理干部等都应参加。

在全面质量管理中，应重点突出生产过程中的质量管理，主要反映在以下几个阶段。

一、产品设计与质量管理

产品设计是产品质量产生和形成的起点。生产出适销对路的产品，是每个生产者的愿望。因此产品设计应从市场调查开始，通过调查、了解、分析用户心理和市场信息，掌握用户对产品的质量性能需求。并应尽快制定出产品设计方案，经论证，找出该设计的技术关键和难点，对设计进行原理试验，在试验基础上修改方案并进行样机设计。产品设计阶段的质量管理应该包括如下内容：

1. 广泛收集整理国内外同类产品或相似产品的技术资料，了解其质量情况与技术生产水平，开展市场调查，了解用户需要以及对产品质量的要求。

2. 根据市场调查资料，进行综合分析后，制定产品质量目标并设计实施方案。产品的设计方案和质量标准，应充分考虑用户需求，尽量替用户考虑。并对产品的性能指标、可靠性、价格定位、使用方法、维修手段，以及批量生产中的质量保证等，进行全面综合的策划，尽可能从提出的多种方案中选择出最佳方案。

3. 认真分析所选设计方案中的技术难点，组织技术力量进行攻关，解决关键技术问题，初步确定设计方案。

4. 把经过试验的设计方案，按照适用可靠、经济合理、用户满意的原则进行产品样机设计，并对设计方案作进一步综合审查，研究生产中可能出现的问题，最终确定合理的样机设计方案。

二、产品试制与质量管理

产品设计完成后进入产品试制阶段。产品试制过程包括样机试制、产品定型设计、小批量试生产三个步骤。实现产品的设计性能指标，验证产品的工艺设计，制定产品的生产工艺技术资料。进行小批量生产，同时修改完善工艺技术资料。产品试制过程的质量管理应包括如下内容：

1. 确定周密的样机试制计划，一般情况下，不宜采用边设计、边试制、边生产的突击方式。

2. 对样机进行反复试验并及时反馈存在问题，对设计与工艺方案作进一步调整。

3. 组织有关专家和单位对样机进行技术鉴定，审查其各种技术指标是否符合国家有关规定。

4. 样机通过技术鉴定以后，可组织小批量生产。通过试生产，可以认真进行工艺验证、分析生产质量，验证工装设备、工艺操作、产品结构、原材料、环境条件、生产组织等工作能否达到要求，考察产品质量能否达到预定的设计质量要求，并进一步进行修改和完善。

5. 按照产品定型条件，组织有关专家进行产品定型鉴定。

6. 制定产品技术标准、技术文件，健全产品质量检测手段，取得产品质量监督检查机关的鉴定合格证。

三、产品制造与质量管理

开发产品的最终目的是达到批量生产、生产批量越大生产成本越低、经济效益越高。批量生产的过程中，应根据全套工艺技术资料进行生产组织。组织工作包括原材料供应、加工，准备所需的工具设备，生产场地的布置，工人的技术培训，设置各工序的质量检查、试验项目，产品包装运输规则，开展产品宣传与销售工作，组织售后服务与维修等。在批量生产过程中质量管理是产品质量能否稳定达到设计标准的关键性因素，其质量管理内容包括如下：

1. 每个工种、各道工序以及每个制造环节都要设置质量检验人员，严把产品质量关。严格做到不合格的原料不投放到生产线上，不合格的零件不转到下道工序、不合格的成品不出厂。

2. 统一质量标准，并对各类测量工具、仪器、仪表定期进行计量检验，及时维修保养，保证产品的技术参数和精度指标。

3. 严格执行生产工艺文件的规定和操作程序。

4. 加强操作人员的素质培养及其他生产辅助部门的管理。

四、技术难点的选定

新产品的开发宗旨就是要拿出品质好、水平高、性能可靠、价格低的产品，使其在市场上具有竞争力，这样在使用新技术、新工艺、新器件上就应有所突破。在这种情况下，旧的生产方式和方法就不能满足新情况的需要。新的生产难点和关键问题就会出现，怎样去解决这些新难点和新问题是应该认真考虑的。

难点对新产品来说不外乎就是零件生产的质量、加工的新工艺和生产组织问题。对于这些问题，要认真的组织有关人员进行研究讨论，找出解决办法、制订方案、反复论证、积极实施，通过上述过程，很多难题是能够解决的。这种解决问题的过程，也就是 ISO 9000 标准实施的过程。

五、批量装配工作要点

1. 关键工序的装配工作要工装化，尤其是新产品的批量投产。在新产品试制阶段不管使用什么办法只要把产品装配完成，能进行试验就可以了。但在批量生产的时候，一定要按工艺要求进行，一定要使用工装进行操作。因为批量装配就是要考核工艺、工装以及工时定额、材料消耗等经济指标的实践摸底，通过实践才能对工艺的合理性、工装的实用性加以改进，这样才能对提高生产效率有所帮助。工艺、工装的好、坏，实际上就是产品质量的好坏。只有具备优良的工装、先进的工艺，才能得到高质量的产品。

2. 批量装配当中另一个重要的问题就是零、部件的质量与合格率的问题。这也是影响批量生产工作当中的重要因素。特别对新产品首次批量生产尤为重要。严格控制零、部件的质量是很关键的一环。

首批产品是新产品的基础，对首批产品应十分重视。

第三章 整机调试

第一节 首批整机调试

一、调试规程的编制原则

把元器件、零部件、经过各种形式的连接、焊接组装成为完整的成品后，不能正常地投入运行工作，这是由于各种元器件都具有一定的离散性，必须经过调试、老化处理才能得到稳定正常的工作状态，达到技术要求规定的指标，成为完整的合格的产品。所以装配的调试工作是十分必要的。

所谓调试包括调整和测试两个部分。调整主要指对电路参数的调整，即对整机内的可调部位如可调电感、电容、电位器、电阻等元器件的调整，对电气指标有关的调谐系统的调整和对机械传动部分进行的调整，通过调整使之达到预定的指标，实现所需的功能要求。测试是指在调整的基础上，用仪器、仪表测出单元电路板和整机的各项技术指标。

二、调试工作的主要内容

1. 正确合理地选择和使用测试所需的仪器仪表。
2. 严格按照调试工艺，对单元电路板和整机进行调整测试。调试完毕用封蜡、点漆等方法固定其可调部位。
3. 排除调试中出现的故障，并及时做好记录卡片。
4. 对调试卡片进行正确分析、处理，撰写调试工作小结，提出改进措施。

对于电路简单的小型整机，在焊接和安装完成之后可直接进行调试。而复杂的整机，调试工作量大，一般应先对单元电路板、组装部件进行调试。当单元电路板达到技术指标要求后，再进行总装，最后进行整机调试。调试工作应安排在装配车间进行，整个过程必须严格执行由工艺技术部门根据产品设计要求编制的调试工艺文件。

三、调试工艺文件的编制

1. 调试工艺文件编制得是否合理，直接影响到产品调试工作的效率和质量。不同的产品有不同的调试工艺，但总的编制原则是相同的。即先进合理，又切实可行。
2. 根据产品的规格等级及产品的主要销售对象，确定产品的调试项目和主要性能指标。
3. 在系统理解和掌握产品性能指标要求及工作的基础上，确定调试的具体方法和步骤。调试方法和步骤力求简单明了，调试内容具体、清晰，便于操作。
4. 充分考虑调试中产品元件间和部件间的相互影响。

5. 考虑调试人员的技能水平。

6. 在保证调试技术要求的基础上，应考虑调试所用设备的通用性、可靠性、操作复杂程度以及维修方便和使用安全等。应充分利用企业现有设备和条件。

7. 尽量采用新技术、新工艺，以提高生产效率和产品质量。

8. 调试工艺文件应在样机调试的基础上制定。即保证产品性能指标符合要求，又要考虑批量生产的实际情况。

9. 充分考虑调试工艺的合理性，保证调试顺利，减少故障，提高可靠性。

四、调试内容及工艺说明

调试工艺文件是工艺人员为产品生产而制定的适合某一产品调试的具体内容和步骤，它是调试产品的技术依据。调试工艺文件一般应包括以下内容：

1. 根据国家或企业颁布的标准及产品的等级规格所拟定的调试内容。
2. 调试所需的工具、仪器、仪表等。
3. 调试的方法和具体步骤。
4. 调试接线图。
5. 调试工序的人员配备。
6. 调试所需的图表、数据资料。
7. 调试条件与有关注意事项。
8. 调试安全操作规程。

五、常用调试仪器仪表的选择

在调试工作中，调试所用仪器仪表的选择对产品的调试质量有着重要的影响，因此，在编制调试工艺文件时，应合理选用调试仪器。仪器仪表的选择应掌握以下原则：

1. 在保证产品测试指标范围的前提下，应选用要求低、结构简单、通用性强的仪器，以便降低生产成本、方便工人操作，提高调试效率。
2. 一般情况下，要求选用测试仪器的工作误差要小于被测参数误差的十分之一以下。
3. 仪器仪表的测量范围和灵敏度，应符合被测参数的数值范围。
4. 正确选择仪器的输入阻抗，使仪器接入被测电路后，不改变被测电路的工作状态，对被测电路产生的测量误差极小。

调试工作常用的仪器仪表已在基础知识里作过介绍，在具体的产品调试工艺文件里，所需要的仪器、仪表已有明确的说明，对仪器名称、规格、量限等技术指标也有详细的规定，在使用时应注意仔细阅读使用说明以免造成不必要的损失。

六、调试总结

在调试工作完成后初步证明调试工艺是可行的。此时应对整个调试工作过程做一个总结，以便于改正过去的不足，使工作水平不断提高。

1. 总结时首先要对照调试记录中出现的每个问题仔细进行分析，找出调试过程中出现问题的原因，确定是设备问题还是工艺方法问题，提出解决方法并纳入今后的改革方案。
2. 如果在总结中发现问题出在操作上，应提出改正的方法，加强训练提高工艺水平。

3. 总结要分析工艺过程和操作程序的合理性，使生产效率进一步提高，使整个生产过程更合理、更完善。

4. 总结应重视产品质量问题，严把质量关，使产品质量和工作质量不断提高。

5. 总结要对装配和调试中所使用的元器件、集成电路等提出评估意见，对其技术指标和实用性提出建议，以便进一步提高质量。

6. 对一些操作性差，不规范，不合理的工艺操作，在总结中应提出改进意见，并应及时地加以改正。

7. 总结应对调试设备的精度、调节细度、等级等给予评估，使测试结果的正确性、可靠性有保证。

第二节 成批整机调试

一、成批整机调试规程的编制原则

产品经过首批整机调试（即小批量试生产）后，成品也通过了"批试"鉴定，这说明产品的设计制造工艺、装配工艺、技术指标及仪器设备等，均能满足生产的需要，即说明调试规程基本是可行的。但是，由于首批整机调试的批量有限，一些问题不可能完全表现出来，也就是说规程还会有不足之处。所以在批量投产之前，为了保证生产的顺利进行，要对首批调试的总结进行认真的分析，对工装问题、操作问题都要提出改正措施，以便在以后的实际生产当中加以改正，使调试工艺更完整，保证产品质量有更大的提高。成批整机调试规程是在首批调试规程的基础之上，加以充实、改进和提高，保证批量生产的顺利进行。

二、整机验收

检验是一项重要工作，它贯穿于产品生产的全过程。检验工作遵照自检、互检和专职检验相结合的三级检验制执行。自检、互检是在生产过程当中由生产工人自行完成的。专职检验工作是由企业质量部门的专职人员，根据相应的技术文件，对产品所需的原材料、元器件、零部件、整机等进行检查、比较、判断、测量，判定其是否合格。整机的验收是指产品经过装配、调试达到成品的要求之后的检验、验收，产品符合要求才能入库出厂。

产品的检验方法分全检和抽检两种。确定产品检验方法应根据产品的特点、要求及生产阶段等情况决定，既要保证产品质量又要经济合理。

1. 全检

全检是对全部产品进行检验。全检的产品可靠性高，但要消耗大量的人力、物力、使生产成本增加。需要进行全检产品有对可靠性要求特别高的产品，如军需品；对安全进行鉴定的产品，如兆欧表、接地表、耐压仪等产品。对试制产品及在生产条件、生产工艺改变后的产品要进行全检。

2. 抽检

电子产品在批量生产的过程中，不可能也没有必要对生产出的零部件、半成品、成品都采用全检方法。而一般采用从待检产品中抽取若干件进行检验，这种方法称作抽检。抽检是目前生产中广泛应用的一种检验方法。

抽检应在产品设计成熟、工艺规范、设备稳定、工装可靠的前提下进行。抽取样品的数量应根据 GB/T 2828—1987 抽样标准和待检产品的基数确定。样品抽取时，不应从连续生产的产品中抽取，而应从产品中任意抽取。

抽检的结果要做好记录，对产品中的故障，应对照相关的标准进行判定。产品故障一般分为致命缺陷（安全故障为 A 故障）、重缺陷（即 B 故障）、轻缺陷（即 C 故障）。致命缺陷为否决性故障，即样品中只要出现致命缺陷抽检批次的产品就被判为不合格。在无致命缺陷的情况下出现 B、C 故障，要根据 GB/T 2828—1987 抽样标准来判断抽检产品合格与否。

3. 生产过程中的检验

生产过程中使用的材料、元器件、外协件、组件等虽然在进厂前进行过检查，但在装配过程中由于工装设备及操作的原因，在组装后也不能完全符合质量要求。因此在生产过程中，关键工序间还应进行检验，并采用生产工人自检、班组间互检和专职检验人员检验的方式。对于检验当中不合格的产品做好检查记录，及时反馈给有关部门。

4. 整机检验

整机检验是对经过总装、调试之后是否达到产品技术要求的检验。整机检验包括如下 3 个方面：

（1）外观检查

外观检查主要检查产品表面是否整洁、面板、机壳、表面的涂敷有无破损，装饰、标志、铭牌是否齐全，连接装置是否完好，金属件有无锈斑，结构件有无变形、断裂，转动是否灵活，控制开关是否到位等。

（2）出厂检查

出厂检查主要是按产品技术标准中所列出厂检查的项目考核。出厂检查的项目是技术标准中的主要项目，检查方法在技术标准也有相应的规定应遵照执行。

（3）例行试验

例行试验的内容包括技术标准中的全部条文，其中包括出厂检验条文、环境试验条文及寿命试验条文等。例行试验的样品应在出厂检查合格的产品中随机抽取，以便如实反映产品质量，实现例行试验的目的。例行试验包括出厂检验、环境试验和寿命试验，现分别说明。

1）出厂检验。出厂检验项目的内容是产品的主要技术指标，也就是每台产品必须保证达到的指标。经过出厂检验的产品即可出厂销售。订货产品特殊要求的技术指标按规定进行检验。

2）环境试验。在环境试验当中的机械试验包括振动试验、冲击试验和离心加速度试验。气候试验包括高、低温试验，温度循环试验，潮湿试验，低气压试验。运输试验包括在包装情况下的运输试验和特殊条件下，如盐雾、防尘、抗霉菌、抗辐射等环境中的特殊试验。

3）寿命试验包括储存试验、可靠性试验、失效率等规定的试验。不过例行试验的全部内容一般应周期进行，周期一般定为一年、二年、三年等。具体规定要由技术标准的要求来确定。如果技术标准有重大更改或产品主要原材料改变、新技术新工艺的实施后，都要进行例行试验，以保证产品质量。

三、调试信息的分析和反馈

产品在调试和整机验收的过程中,由于已经是接近成品或者已经是成品了,在这个过程中,如发现了性能问题,就要进行深入的分析。确认是偶然出现的个别问题还是普遍存在的质量问题。偶然出现的问题改正起来比较简单,可以通过加强责任心,严格按工艺操作保证不再出问题或少出问题。如果出现的问题很普遍、而且问题较多,就要特别引起重视,及时分析找出问题出现的原因及时上报有关质量部门,并加以改正,在有必要的时候,还要对操作工艺加以更改,以保证今后的工作顺利进行。

在出现了属于 A 类重大缺陷时,如产品绝缘电阻值不合格、耐压试验不合格等安全性质的问题,要予以特别的注意,及时反馈给主管部门并及时解决。

四、调试软件

利用计算机能进行综合分析和实时控制的优点,常选用计算机对于仪器仪表的性能进行调试。

对于仪器仪表的性能调试,主要考虑对组成仪器仪表的单元电路及有关印制电路板功能的测试。涉及组成单元电路及元器件、组件、接线等的故障诊断和定位。

对于批量生产的印制电路板,应设计专用的测试工装及调试软件,专用测试工装实际上就是连接计算机与被测印制板单元电路的接口电路板,根据不同功能的单元电路组件,设定检测定位点及检测信号,编制故障定位诊断程序,设定相应组件的选址编码,控制数字信号及数据采集信号的输入输出,还需要设计被测信号相应的标准信号的比较或显示电路,对测量结果进行比对和显示。

调试软件的任务是通过专用的接口电路与被测的单元电路交换信息,这些信息主要是通过计算机对被测电路的数字信号和模拟量信号进行控制及采集处理,与标准的信号进行比对,判断是否正常,提示故障点位置及建议排除故障办法等。在人机交互方面,通常选用菜单式操作,屏幕显示或打印结果,形成一个完整的调试软件。

第四章 应用软件简介

第一节 应用软件程序设计

一、程序设计语言

程序设计语言是系统软件的重要组成部分。在计算机准备进行计算时,总是需要人把需要计算的问题用一定的表达式表达出来,这就是用各种"语言"写成计算机程序。在计算机科学中,每一种语言都有自己的规定和规则。最低级的计算机语言就是机器语言,机器语言是一连串的二进制(0 和 1)数字代码(如 8 位二进制的一个字节代码写作 01011001)。只有很熟悉机器的人在特殊需要的情况下用机器语言编写程序,因为这种程序最简短,所用内存少,执行速度快,但要熟记二进制的机器指令码。为了方便程序编制,人们需要一种接近自然语言的程序编制方法。现有的各种程序设计语言多数是由一些比较接近数学运算的规定,再加少量的简短英语单词组成,这样人们就容易学习和掌握。常用的程序设计语言有几十种,各种程序设计语言各有特点。例如 BASIC 简明易学,FORTRAN 适合于科学计算,COBOL 适合于管理和检索,PASCAL 适合于大型数据处理。目前多用的面向对象设计的可视化语言有 Visual BASIC,Visual C++,Visual Foxpro;网络编程用的 Java,HTML,XML;文字处理常用 Microsoft Word;表处理软件中文 Excel;图文制作软件 PowerPoint;数据库软件 FoxBASE 等。系统软件处理各种语言实际上是提供了人与计算机对话的翻译和解释工具。把各种语言设计的程序变为机器码语言,然后由计算机执行。只要按各种语言相应的规则编制程序,就能正确地翻译、解释和执行。

系统软件中的诊断程序和监控程序是系统的辅助程序。诊断程序可对机器的各部分、各设备进行检查,并能自动指出出错位置,这对机器的维护提供了方便。监控程序是监视机器语言运行的调试工具,对检查硬件的运行和机器语言调试也是很有效的。

二、应用软件

应用软件一般都是面向应用问题的程序,多数需要用户针对自己的问题自己编写。例如进行数据处理的数据处理程序,进行过程控制的过程控制程序,进行管理和检索的数据库和检索程序等。随着计算机应用的发展和普及,应用软件也逐步商品化。一些较小通用计算程序现在在各种资料和书籍中就可查到,用户稍加修改就可使用。一些较大型的计算程序,例如针对某些应用系统的程序,像企业管理、控制系统模拟、数字信号处理、图像处理等程序,则研制专用软件包的形式向用户提供。在目前的条件下开展计算机应用,用户的重要任务就是研制应用软件。各种程序编好之后,输入计算机,在系统软件的管理之下,经过语言处理程序的解释和翻译，成为机器语言的指令被一条条地取出，由机器硬件执行，并将计算结果按指令要求送到内存的指定位置或由各种输出设备打印或显示。

从计算机发展的情况来看，软件研制所需要的人力越来越大。国外，从事软件工作的人员已经远远超过硬件人员。从应用的角度来看，应用软件的研制在建立一个计算机应用系统所占的工作量也越来越大。为了加速软件的研制，人们还在研究软件开发的工具。利用微型计算机开发系统研制和开发应用系统软件就是一个重要的方法。另外还可以有一些软件工具，如利用软件来开发软件。所谓"软件工程"就是研究软件的开发方法和工具，以便在更大的规模上逐步以工业化的方式生产软件。

计算机硬件和软件的关系，如图4—1所示。

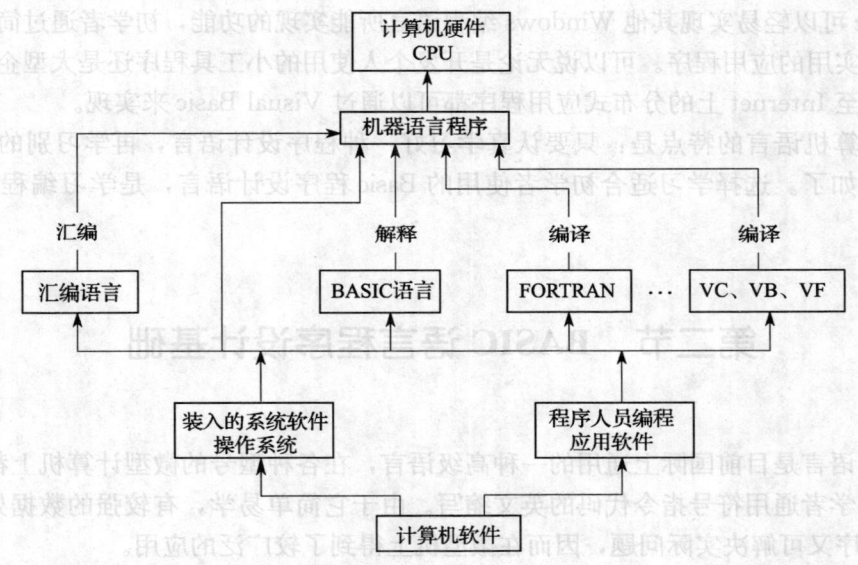

图4—1 计算机硬件和软件的关系

三、集成软件

把若干种应用软件"集成"起来组成一种新型应用软件，兼有被集成的各种应用软件的功能和优点。

1. 共享Windows资源

菜单、加速键、光标、图标、位图、字符串、对话框、字体和用户自定义等九种资源。

2. 可视化编程

目前流行的可视化编程Visual Basic 6.0、Visual C++6.0、Visual Foxpro 6.0是Microsoft公司最新推出的可视化编程语言，它们是Visual Studio 6.0（可视化工作室）的主要构件。可视化编程是一种快捷、标准、高效的程序设计方法。

这些可视化编程语言的使用，集设计、编辑、编译、调试等功能于一身，成为可视化工作室的集成开发环境（IDE），这样的开发环境，使用户可以更方便、更快速地编制应用程序。

Visual 即可见的、可视的，是一种开发像 Windows 一样的图形用户界面的方法，这种方法不需要开发者编写大量的图形代码，要编写窗口、菜单、对话框、工具栏等界面代码，只需把预先设计好的"对象"拖放到屏幕上，用户对在图形上的动作进行编码，对事件驱动方式设计程序。

四、Basic 与 Visual Basic

Basic 是 Beginners ALL—purpose Symbol Instruction Code 的缩写，它是一种适合初学者使用的一种程序设计语言，其主要特点是简单易学。

Visual Basic 将 Windows 编程的复杂性封装起来，综合了 Basic 语法和可视化设计工具的优点，既保留了编程的简便性，又提供了 Windows 优良的图形工作环境。专业人员使用 Visual Basic 可以轻易实现其他 Windows 编程语言所能实现的功能，初学者通过简单学习也可以开发出实用的应用程序。可以说无论是开发个人使用的小工具程序还是大型企业管理应用软件，甚至 Internet 上的分布式应用程序都可以通过 Visual Basic 来实现。

学习计算机语言的特点是：只要认真学习好一种程序设计语言，再学习别的语言就会感到轻松自如了。选择学习适合初学者使用的 Basic 程序设计语言，是学习编程入门的捷径。

第二节 BASIC 语言程序设计基础

BASIC 语言是目前国际上通用的一种高级语言，在各种型号的微型计算机上都可运行。BASIC 是初学者通用符号指令代码的英文缩写。由于它简单易学，有较强的数据处理功能，它编写的程序又可解决实际问题，因而在微型机上得到了较广泛的应用。

BASIC 语言使用一些简单的助记词、专用符号和数字来表达意思。BASIC 语言一般都要进行解释或翻译后，才能在计算机中运行。

允许在 BASIC 语言内出现的合法字符的集合叫 BASIC 字符集。它们有：

26 个英文大、小写字母，可作为变量名或字符串。

10 个阿拉伯数字可用于计算机数值和字符串。

运算符号，包括＋（加）、－（减）、＊（乘）、／（除号）、^（乘方号）、MOD（取模）等。

关系运算符，包括＞（大于）、＜（小于）、＝（等于）、＞＝（大于等于）、＜＝（小于等于）、＜＞（不等于）等。

逻辑运算符，包括 AND（逻辑与）、OR（逻辑或）、NOT（逻辑非）、NOR（异或）。

标点符号及其他符号，包括。（），"！？＃％＄´、；＆。

用 BASIC 语言编写的程序是由一系列语句组成，这些语句可以完成描述计算公式、实现程序转向以及进行数据交换等工作。利用各种语句可以构成一个完整的程序，把一个计算问题的全部计算过程描述出来。

在 BASIC 语言中，每个语句由下列各成分构成：

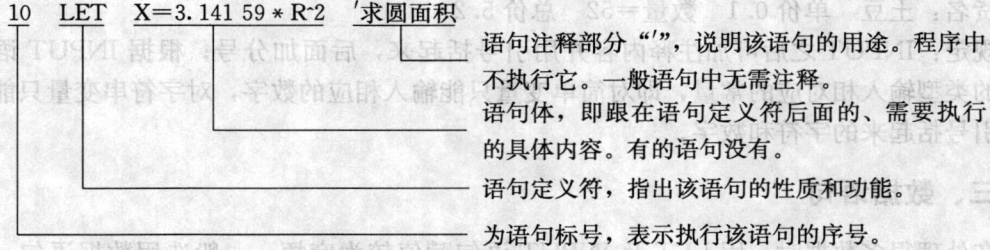

一、赋值语句

把数值代入计算式中的变量，把计算公式的计算结果送给一个变量，都要用赋值语句。

格式：LET 〈变量〉=〈表达式〉

含义：计算右端表达式，并将计算结果赋值给左端的变量。即将右端的数值或计算结果代入左端的变量。

例：已知正方形的边长求面积。

```
10   LET   A=5      'A 称变量，代表正方形边长，其值为5
20   LET   S=A^2    'S 称变量，代表正方形面积，其计算结果值为 S=5²=25
```

规定：未赋值的变量，计算时其值按 0 处理。同一变量后赋的值可冲掉先赋的值。

例：
```
10   LET   X=1
20   LET   X=X+1
```
其结果 X=1+1=2

LET 可以省略不写。例如上述语句可写为：
```
10   X=1
20   X=X+1
```

二、键盘输入语句

用键盘打入数据给计算式中的变量赋值。

格式：INPUT 〈变量1〉,〈变量2〉…

这是一种在执行过程中人机对话的输入方式。当机器执行这个语句时，便在显示屏上显示"？—"即等待键盘输入，当把要求的值输入后，机器就继续执行下一个语句。

例：售货员卖货计价

```
10   INPUT "请输入货名、单价、数量";N$,A,X    'N$为字符串变量，代表货名
                                              'A,X 为简单变量,分别代表单价和数量。
20   Y=A*X                                    '计算总价=单价×数量
30   LPRINT  "货名:";N$,"单价=";A,"数量=";X,"总价=";Y,'打印出
```
发票。

当该程序运行时，首先显示：

请输入货名、单价、数量？—

若卖土豆，单价 0.1 元，数量 52 kg，则输入"土豆"，0.1，52 再按 ENTER 键，则马上打印出：

货名：土豆　单价0.1　数量=52　总价5.2

规定：INPUT之后可加注释内容并用引号括起来，后面加分号；根据INPUT语句中变量的类型输入相对应的常量，即对简单变量只能输入相应的数字，对字符串变量只能输入由双引号括起来的字符和数字。

三、数据语句

在处理很多数据时，用LET及INPUT语句赋值较为麻烦，一般选用数据语句、读语句。

格式：DATA〈数据1〉,〈数据2〉,…
　　　READ〈变量1〉,〈变量2〉,…

含义：DATA（数据）语句为READ（读）语句准备好所要的常量，READ（读）语句将这些常量依次赋给变量。

例：求学校各班的总人数

```
10  DATA  "总人数"；50，56，60，48，50     '数据语句
20  READ  N$，A1，A2，A3，A4，A5            '读语句
30  Y=A1+A2+A3+A4+A5                       '计算总人数
40  LPRINT  N$；Y                          '打印输出
```

执行结果打印出：总人数264

规定：DATA语句可以放在程序的任何位置，其数据不能是表达式；DATA和READ之后的各项用逗号分开，且末尾不能加逗号，如果一个程序行写不完可另起一行，但每个程序行开头必须有语句行号和DATA或READ；数据语句的常量类型要与读语句的变量类型相一致，先后次序要对应。即将数据赋值给简单变量，双引号括起来的字符只能赋值给相对应的字符串变量（简单变量后缀$代表字符串变量）。

四、打印语句

用于打印输出计算的结果和数据。还可进行各种数值的计算，实现计算器的功能。

1. 一般格式

〈语句标号〉PRINT〈一组打印项〉

含义：在显示屏上印出各个打印项。这些项可以是常量、变量或者表达式。打印项间用分号隔开为紧凑输出格式。打印项间用逗号隔开为按区输出格式（每行分四个区，每区可打印十六个字符）。

例：打印各类人员统计表

```
10  PRINT  "技术人员","工人","干部","总计"   '分区打印字符串常数项
20  DATA  130，40，50                        '数据语句
30  READ  A1，A2，A3                         '读语句
40  S=A1+A2+A3                              '计算总和
50  PRINT  A1，A2，A3，A1+A2+A3              '分区打印变量及表达式
60  PRINT                                   '打印空行
70  PRINT  "S=;" S                          '紧凑打印字符串常数项及变量
```

执行结果：

技术人员	工人	干部	总计
130	40	50	220

S=220

规定：不换行打印格式：当打印项末尾有分号，则下一打印语句的打印项紧接这一打印项打印。当打印语句最后一个打印项之末尾以逗号结束，则下一打印语句，打印项打印在本行的下一区上。

换行打印格式：当打印语句的最后打印项没有任何标点时，则打印完本句各打印项后自动换到下一行。若打印语句后无打印项，则输出一空行（隔行打印）。

2. 定位打印格式

〈语句标号〉PRINT TAB〈算术表达式〉〈一组打印项〉

含义：对算术表达式的值计算取整，并从该整数给定的位置起打印出打印项的内容。表达式的值必须在 0 至 255 范围内。

例：10 X=3   '赋值语句
　　20 PRINT TAB (X) X;   TAB (X) 2；TAB (25)"COS (X)"'定位打印

执行后印出的结果是：

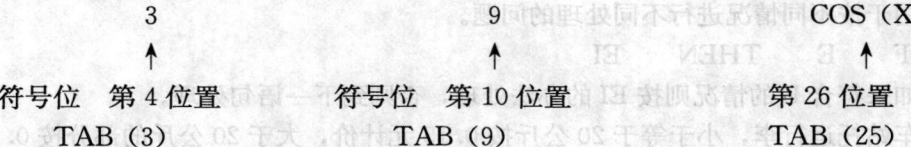

规定：如果定位表达式的值取整超过 63（一个显示行有 64 字符位置，从 0 至 63），则取其与 64 之差作为表达的值，如 TAB (216)＝TAB (64*3+24)＝TAB (24)；在一个打印语句里，TAB 可以被多次使用，但后一打印项的起始位置一定要在前项打印后的右边；打印数字时前面留有一符号位。

3. 打印机打印语句

格式：〈语句标号〉LPRINT〈一组打印项〉

含义：在打印纸上打印出各打印项，像 PRINT 那样可选择不同的打印输出格式。

规定：执行 LPRINT 语句之前，必须先打开打印机电源。否则将发生错误。

五、无条件转向语句

计算机执行程序时，一般情况下是按行号从小到大顺序执行各语句，有时，为了某种需要，可用转向语句改变这种顺序。

格式：〈语句标号〉GOTO 〈行号〉

含义：将程序转移到指定行执行，从而改变了程序执行顺序。

例：打印机关人员买白菜清单、设每斤白菜 6 分钱，打印出买白菜清单及买菜总数以便结账。

10 LPRINT TAB (10)"机关人员买白菜清单"   '打印表头
20 LPRINT"姓名"；TAB (12) "买菜斤数"；TAB (24) 应交款数；TAB (36)"累计金额"

```
30    INPUT "输入买菜人姓名及斤数" N$，X        '键盘输入
40    Y=0.06*X                    '计算应付款数
50    SX=SX+X                     '累加买菜斤数
60    SY=SY+Y                     '累加所收款数
70    LPRINT  N$；TAB (12) X；TAB (24) Y；TAB (36) SX；TAB (48) SY
      打印清单
80    GOTO  30                    '返回30语句行继续下一个人
```

执行时先提示"输入买菜人姓名及斤数"—？若键盘输入："李明"，150再按 ENTER 键则打印出：

姓名	买菜斤数	应交款数	累计斤数	累计金额
李明	150	9	150	9
王林	120	7.2	270	16.2

打印出第一人清单后马上又提示"输入买菜人的姓名及斤数"—？若你再输入："王林"，120再按 ENTER 键，则打印出第二人清单。如此循环直到买菜结束。

六、条件语句

该语句用于按不同情况进行不同处理的问题。

格式：IF　　E　　THEN　　EI

含义：如果符合 E 的情况则按 EI 的办法处理，否则到下一语句处理。

例：火车站托运行李，小于等于20公斤按0.15元计价，大于20公斤的部分按0.25元计价，打印出托运收据。

```
10    INPUT "行李重量=" X              '键盘输入行李重量
20    IF  X>20    THEN  50            '判断若大于20公斤按50行语句处理
30    Y=0.15*X                        '不超重计价
40    GOTO  60                        '无条件转到60语句行
50    Y=0.15*20+(X-20)*0.25           '超重计价
60    LPRINT "行李重量="；X；"公斤"，"运费="；Y；"元"        '打印运费单
70    GOTO  10                        '转到10行处理下一旅客行李
```

执行时先提示"行李重量="—？若键盘输入：18再按 ENTER 键则打印出：

行李重量=18公斤　　　运费=2.7元

同时又提示"行李重量="—？若键盘输入：30再按 ENTER 键，则打印出行李重量30公斤　　　运费=4元

如此反复进行。

规定：E 为关系表达式，其目的是判断条件满足否；EI 可为语句或行号。当 EI 为行号时，THEN 也可以写成 GOTO，有时还可写成 GOSUB 或 RETURN。

七、转子程序语句和返回语句

在一个计算问题中，往往需多次运用一段程序，为避免程序重复，可把这段程序编成相对独立的"子程序"。当需要使用这段程序时，可使用转子语句调用子程序，子程序执行完

了，便由返回语句返回到刚才转子语句的下一语句去继续执行程序。

格式：GOSUB 〈行号〉
　　　…
　　　RETURN

含义：〈行号〉指的是子程序入口的语句行号，GOSUB 是转向子程序的语句，RETURN 是子程序中返回主程序的语句。

例：计算 5!＋10!

其阶乘的计算公式 N!＝1*2*3*4…（N—2）*（N—1）*N

```
10    N＝5                      '将 5 赋值给 N
20    GOSUB 100                 '转去计算 5!
30    X＝K                      '把 5! 的值暂放于 X 中
40    N＝10                     '把 10 赋值给 N
50    GOSUB 100                 '转去计算 10!
60    PRINT X＋K                '打印 5!＋10! 的值
70    END                       '结束
100   K＝1                      '子程序入口语句
110   M＝1                      '计算 N! 的子程序
120   K＝K*M                    'N! 的值存放在 K 中
130   M＝M＋1
140   IF  M<＝N  THEN  120
150   RETURN                    '返回主程序语句
```

执行结果：3.628 92E＋06（即 3.628 92*10^6）

该程序第 10 行到 70 行是主程序，第 100 行到 150 行是子程序，第 20 行和第 50 行都是转子程序语句，第 150 行是子程序返回语句。

八、循环语句

循环语句是最常用的重要语句之一，用于多次重复的计算。

格式：FOR〈循环变量〉＝〈初值〉TO〈终值〉STEP〈步长值〉
　　　　　　〈循环体〉
　　　　　NEXT〈循环变量〉

含义：重复多次处理的对象为循环变量，初值为第一次处理赋的值，终值为最后一次处理赋的值，步长值为每次处理增加的值。循环体为重复多次处理的内容。NEXT 是检查循环次数是否到终值，若超过终值则结束循环。

例：人口增长预测统计：设某城市 1994 年总人口为 1 376 万，按每年 1.5％的增长率递增，预测至 2010 年各年的人口总数。

```
10    LPRNT    TAB（10）"某城市人口预测表"      '定位打印表头
20    LPRINT "年代"，"人口总数"                 '分区打印表格
30    FOR  I＝1 995  TO  2 010  '初值＝1 995，终值＝2 010，步长＝1（可省略不写）
40    Y＝1 376*(1＋0.015)^(I－1994)              '循环体，计算人口
```

```
50      LPRINT  I;"年",Y;"万"              '循环体，打印结果
60      NEXT                              'FOR—NEXT 语句
70      END                               '结束
```

打入：RUN 再按 ENTER 键，则打印出结果：

某城市人口预测表

年代   人口总数
1995 年   1 396.64 万
1996 年   1 417.59 万
 …   …
2010 年   1 746.12 万

循环语句执行过程：求出 FOR 语句中三个算术表达式，将初值赋给循环变量，执行循环体语句，遇到 NEXT 语句时，把循环变量的当前值加上步长值再赋给循环变量，并检查这个循环变量是否超过终值，若超过终值，则转去执行 NEXT 之后的语句，否则，继续执行循环体语句。

规定：循环变量必须是数的简单变量，初值、终值、步长均是算术表达式或数，步长值可以是正数（递增循环）或负数（递减循环），步长为 1 时可省略 STEP；循环可以嵌套，即使用多层循环，最内层先循环，由内向外，逐层循环、不能交叉。

例：打印 1～4 的乘积表

```
10  FOR     A=1    TO   4
20  FOR     B=1    TO   4
30  P=A*B
40  PRINT   A;"*";B;"=";P
50  NEXT    B
60  PRINT
70  NEXT    A
80  END
```

这是一个双重循环，其执行过程及执行结果打印出：

1*1=1 1*2=2 1*3=3 1*4=4
2*1=2 2*2=4 2*3=6 2*4=8
3*1=3 3*2=6 3*3=9 3*4=12
4*1=4 4*2=8 4*3=12 4*4=16

上述程序内循环打印出一行的四项，而行为大循环，每变一行则执行一个小循环。

九、数组、数组说明语句

数组是指一组数据，通常用不同的下标来区分它们。我们把由同一变量名组成的那些下标变量称为数组。

数组表示法：   C   X   (E1, E2, …, En)
                ↑   ↑   ↑
              数组名   类型说明符   下标

E的个数叫维数，即下标的个数。

例如，A♯（K）表示数组A为双精度型一维数组，B％（I，J）表示数组B为整型二维数组。

对于成批及反复使用的数据或字符串常量，最好用数组表示。BASIC规定，程序中要用到数组时，一般要对该数组先进行定义，即说明数组的维数，数组元素（数据）的多少，以便让机器给该数组分配相应的存数单元。定义数组用数组说明语句。

格式：DIM〈数组表〉

含义：为每个数组定义维数及每个维的下标的上界值。

例： 10 DIM A（4）， B（2，3）， C$（20）

该语句定义一维数组A，下标最大值为4，即从A（0），A（1），A（3），到A（4）共有5个数据。而二维数组B，两个下标从0到2和0到3，即从B（0，0），B（0，1）…到B（2，3）共有12个数据。C$（20）表示一个一维的字符串数组C，下标从0到20，共有21个字符串常量。A、B两数组省略类型说明符就表示为单精度数组。

例：编程序计算100个实验数据的平均值。设实验数据为：101，102，103，104，…，198，199，200（共100个）用数组语句编程如下：

```
10      DIM  A（100）                     '留出100个数据的存储单元
20      FOR  I=1 TO 100                  '循环语句
30      READ  A（I）                      '读数据赋值语句
40      S=S+A（I）                        '计算累加和
50      NEXT                             'FOR—NEXT必须配对
60      T=S/100                          '计算平均值
70      LORINT "100个实验数据的平均值=；"T  '打印结果
80      DATA   101，102，103，104，…，198，
               199，200                   '数据语句
90      END                              '结束
```

如果不选用数组语句而用简单变量赋值，就要写出100个不同的简单变量名来代表100个数据，书写和计算太麻烦。如果选用LET赋值，就需要100个赋值语句才能将数据代入计算式。而选用循环语句和读语句配合，赋值和计算十分简便。

十、事务管理、情报检索语句—字符串

计算机的应用从数据处理发展到事务管理，由实验室的科学计算走向社会生活的各个领域，主要是因为计算机配备了文字处理的功能，即具有字符串的处理能力。

将文字编码并使之数字化，则可借助已有的数学处理功能来处理文字资料。

1. 字符串、字符串常量、字符串变量

字符串是由英文字母、数字、空格以及其他有效符号组成的一串字符。

字符串常量是用双引号括起来的字符串，例"TOM"即为字符串常量。

字符串变量是用来代表字符串常量的。字符串变量名是由任何有效的简单变量名后缀字符串说明符"$"组成的。例"A$"即为字符串变量。字符串变量犹如文件名称，而字符串常量犹如文件的具体内容。

例：

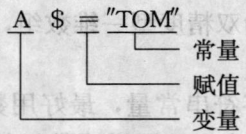

2. 字符串相加和比较运算

字符串可以像算术中的加法一样作相加运算。字符串相加表达式是用联结号"+"将字符串常量、字符串变量、字符串函数连接起来的式子。字符串相加表达式的运算结果是一个字符串常量。

例： 10   A＄="TRS"   '字符串赋值语句
     20   LPRINT   A＄+"-"+"80"   '打印字符串相加结果
执行结果：TRS—80

字符串比较是对两个字符串的对应字符进行 ASCII 代码的比较

两个数比较的结果是大于、小于、等于等关系。两个字符串比较的结果是居前（＜）、居后（＞）、相等（＝）、前于等于（＜＝）后于等于（＞＝）、不等于（＜＞）等关系。规定代码小的字符居前，代码数大的字符居后。只有两个代码数相等时，字符才相等。两个字符串比较先左起第一个字符比较，然后从左到右比较，其出现第一个不同的字符为整个字符串比较结果，若不同长度的两字符串进行比较，如果它们前面的字符相同，则以短字符串居前于长字符串。如"A"＜"B"，"AB"＜"ABA"因为 A 的代码为 65，B 的代码为 66，其代码小者居前。

两个字符串，只有它们对应位置上的字符（包括空格）全部相同时，才称它们相等。进行检索、档案里查找文件，就是用你要找的文件名与档案里所有的文件名比较，若相等就说明有此文件。

3. 字符串函数

像算术运算中要用到各种公式、函数一样，在字符串处理中，也提供了类似的函数，以便于进行事务管理和检索文件。

(1) 求字符串的第一个字符的 ASCII 代码（以十进制数表示）

格式：ASC（〈字符串〉）函数

例： 10   PRINT   ASC（"A"）   '打印出 A 的代码
     20   T＄="AB"   '赋值语句
     30   PRINT   ASC（T＄）   '打印出"AB"第一个字符 A 的代码
执行结果：印出 65（因为 A 的代码为 65）   '第 10 句打印出
         65   '第 30 句打印出

(2) 将 ASCII 代码转换成相应的字符及功能

格式：CHR＄（〈算术表达式〉）函数   '取值范围 0 至 255

1) CHR＄（0）… CHR＄（31）表示各相应的控制作用，用 PRINT 输出这个函数，就可令机器执行这个控制功能。

例： 10   PRINT   CHR＄（23）

执行后，可将显示格式从 64 字符/行转换成 32 字符/行，即使字母变大，如打印大字标题可用此函数。

2) CHR＄（32）…CHR＄（128）转换 ASCII 代码为相应的字符。

例： 10   A＄＝CHR＄（34）
     20   PRINT "HE SAID:"；A＄；"HELLO"；A＄
     执行结果：HE SAID： "HELLO"

由于符号"的代码为 34，故 CHR＄（34）为"，即通过 CHR＄函数把一个双引号赋值给 A＄。

3) CHR＄（129）… CHR＄（191）表示图形符号。

例： 10   CLS   '清除屏幕语句
     20   FOR I＝129 TO 191   '循环语句逐个处理代码对应的图形
     30   PRINT I， CHR＄（1）   '循环体，印出代码对应的图形
     40   NEXT   '循环执行到结束

执行结果，在屏幕上显示代码及对应图形。

4) CHR＄（192）… CHR＄（255）表示给下一个打印输出前留 0…63 个空格位置（空格位计算法：255－192＝63）。

例： 10   D＄＝"GOOD—BYE!"
     20   PRINT   D＄
     30   PRINT   CHR＄（201）；D＄

执行结果：
     GOOD—BYE!   （第 20 语句打印显示输出）
              DOOD—BYE!   （第 30 语句中，CHR＄（201）指出留 201－192＝9 个空格后再打印显示）

（3）求字符串的长度

格式：LEN（〈字符串〉函数）

例： 10   A＄＝"TOM"
     20   PRINT A＄，LEN（A＄） '打印出 A＄及其长度（分区打印格式）
     执行结果： TOM   3

由于 A＄＝"TOM"是三个字符，故长度为 3。

（4）截取子字符串函数

格式：MID＄（〈字符串〉，m，n）

含义：取字符串第 m 个字符起以后的 n 个字符组成一个新的字符串。

例： 10   A＄＝"ENGLISH —PHYSICS"   '赋值语句
     20   B＄＝MID＄（A＄，9，7）   '取子字符串赋值
     30   PRINT B＄   '打印结果

执行结果：PHYSICS

MID＄（A＄，9，7）即将字符串 A＄中第 9 个字符开始以后的 7 个字符组成一个新的字符串。

（5）组成一个由 n 个指定字符组成的字符串

格式：STRING＄（n，"〈字符〉"或〈代码〉)

· 51 ·

例： 10 PRINT   STRING（5,（※））
　　 20 PRINT   STRING（5,42）
执行结果：　　※※※※※　第10语句打印5个※
　　　　　　　※※※※※　第20语句打印5个代码为42的符号，而※的代码为42故两者等效。

用此语句可打印表格及花边图案。

十一、程序设计步骤

在编制 BASIC 语言程序时，要根据具体的问题灵活使用各种结构，也可以是几种结构并存。通常在编制一个程序时有以下步骤：

1. 分析问题，弄清要解决的问题是什么，有什么样的条件和已知哪些数据、信息。
2. 根据分析，画出程序流程图，使程序的结构清晰，过程一目了然。
3. 由程序流程图，编制程序代码。
4. 调试程序，分析过程、结果，看是否达到预期的目的。
5. 使用维护，在使用中不断改进程序，完善功能。

第三节　计算机辅助设计 CAD

一、计算机辅助设计 CAD 简介

所谓计算机辅助设计，就是用计算机帮助设计人员进行设计的一种专门技术，由计算机来完成产品设计中的设计计算、分析、模拟、制图、编制文件等工作。

计算机辅助设计（Computer Aided Design 的英文缩写）简称 CAD，是利用计算机的计算功能和高效的图形处理能力，对产品进行辅助设计分析、修改和优化。它综合了计算机知识和工程设计知识的成果，并且随着计算机硬件性能和软件功能的不断提高而逐渐完善。

计算机辅助设计系统主要由计算机、输入装置、显示装置、绘图打印等输出装置、数据库及程序设计软件等组成。

用计算机辅助设计系统进行设计的一般过程是：程序人员首先用键盘、鼠标、数字化仪器等输入装置，把设计方案输入到计算机中去，在显示器的荧光屏上便可看到由计算机设计的产品图样，显示的图样是平面的或立体的清晰图像，图样可以按照设计人员的需要进行放大、缩小、平移、旋转，以便从各个角度观察所设计的产品，并进行修改，直到满意为止。由于计算机内早已存储了各种设计程序，所以在用计算机进行设计、计算和分析时，能选出最好的方案，设计出最好的产品，然后由计算机控制绘图机，自动地画出产品的零件图、部件图。这些图样的图形、符号、文字、数字等都很准确、整齐、符合标准。最后，计算机还会编制必要的说明文件，并打印出来供生产者及以后查询资料者使用。

不同的产品项目设计，要选用对口的软件工具，如用于机械制图的 AutoCAD 及用于电路工程设计的 Protel 软件包都是针对不同用户的设计程序要求而设计的。CAD 的软件产品

很多，要选用通用性强（易于移植）、版本高（功能完善）、实用性好（符合本行业专用标准）的软件包。下面就常用的软件包做简要介绍。

二、机械制图常用软件中文版 AutoCAD 简介

AutoCAD 是美国 Autodesk 公司的著名计算机辅助设计软件，是当今世界上已经得到众多用户肯定的优秀计算机辅助设计软件之一。最早的 AutoCAD 版本 1.0 出现在 1982 年 12 月，近年相继推出 AutoCAD R14 及 AutoCAD2000 等不断升级版本，其功能更强大，使用更方便。而基本功能和操作是兼容通用的。

1. AutoCAD 的基本功能

AutoCAD 交互式图形软件是一种在微机上使用的功能强大的绘图软件包，它可以根据绘图人员的操作，迅速、准确地生成图形；它有强大的编辑功能，能比较容易地修改已画出的图形；它有众多的辅助绘图功能使工作变得灵活而简单；它的编程功能可使绘图工作程序化；另外，它还有执行 DOS 命令的接口，有与高级语言连接的功能。使它处理图形的功能进一步增强，并减少了设计人员的实际工作量。

（1）绘图功能

AutoCAD 具有简洁的二维平面图形绘制功能，诸如画线、圆、弧、圆环、多段线等；三维立体图形构造功能如 3D 平面、曲面、三维实体模型、模型的渲染和效果展示。

（2）编辑功能

AutoCAD 能对绘图的对象进行编辑，具有丰富的文本功能，尺寸标注功能，阴影修饰，分层控制，多视窗多视点观察模型等功能。

（3）输入输出功能

AutoCAD 对不同形式图形的导入和输出有矢量输入、位图输入、幻灯片输出或图形硬复制输出和利用剪贴板与对象链接（OLE）等功能。

2. AutoCAD 绘图软件包的基本特性

（1）提供全面丰富的基本绘图图元（二维和三维）

AutoCAD 图形都是由预先定义的简单图形元素组合编辑而成的，AutoCAD 预先定义的简单的图形元素称为"图元"，通过调用 AutoCAD 的绘图命令即可把图元绘制到用户的图形中。

（2）提供随心所欲的图形编辑功能

用户图形不可能都是一些简单图形，为了绘制结构复杂的图形，必须对基本图元进行适当的编辑修改，如移动、复制、旋转、缩微、倒角等。

（3）提供较强的图形和数据交换能力

在 AutoCAD R14 for Windows 中，用户可以按多种方式进行图形与数据的交换操作，如剪贴板、对象链接与嵌入、文件格式交换、通用数据的格式交换、图形文件交换、文件的导入和导出、动态数据交换等。

（4）提供了多种用户接口，并提供了深入内部的高级语言编程手段

3. AutoCAD2000 中文版的新特点

（1）具有轻松的设计环境

AutoCAD 中文版具有轻松的设计环境，例如多文档设计环境。可进行快速自动尺寸标

注，具有极坐标和自动对齐追踪能力，运用三维动态可视化和灵活的UCS使三维图形的绘制更加方便。

（2）提高了数据访问能力和软件的适用性

AutoCAD2000中文版提高了数据访问能力和软件的适用性，如对象特性管理器、快捷菜单、命令提示行的标准化、增强标注功能、快速选择等。

（3）扩展了信息通道

AutoCAD2000中文版扩展了信号通道使用户能够快速而充分地共享设计信息。

（4）一体化的打印输出

AutoCAD2000中文版实现一体化打印输出可更加灵活地控制打印。

（5）具有更强大的定制和开发能力

AutoCAD2000中文版提供了Visual Lisp、VBA、Activex和Object ARX等开发工具，利用这些工具可以灵活地集成和自动化自己的设计过程。

（6）具有强大的技术框架

AutoCAD2000中文版采用了许多先进技术，除了继续采用Windows、COM和ACIS技术，同时还发展和增强了Object ARX、HEIDI和ISM技术。

4. AutoCAD2000的用户界面及基本操作

AutoCAD2000的用户界面如图4—2所示。

图4—2 AutoCAD2000用户界面

（1）AutoCAD用户界面

1）标题栏（在屏幕上方第一栏）。

2）绘图窗口（在屏幕中间）。

3）下拉菜单和光标菜单（在屏幕上方第二栏）。

4）工具栏（在屏幕上方第三栏）（在屏幕绘图窗口左右方，亦可灵活放置）。

5）命令提示窗口（在屏幕下方第二栏）。

6）滚动条（在屏幕绘图窗口右方及下方）。

7）状态栏（在屏幕下方底栏）。

8) 项目管理（在屏幕绘图窗口左方，可选项）。

手工绘图时，我们用铅笔、丁字尺、三角板等工具在图纸上绘制出图形非常直观，但用计算机绘图，情况就不一样了。首先用户要熟悉 AutoCAD 的窗口界面，了解组成 AutoCAD 窗口每一部分的功能，其次应学会怎样与绘图程序对话，即如何下达命令及产生错误后怎样处理等。

下面简要介绍 AutoCAD 用户界面各组成部分的功能，以及该软件的基本操作，以便初学者能打开观看已有的图形文件，新建、保存及输出图形文件。

(2) AutoCAD2000 用户界面各部分功能

AutoCAD2000 启动后，其用户界面如图 4—2 所示，主要由绘图窗口、菜单栏，工具栏命令提示窗口，滚动条，状态栏等部分组成，下面我们分别介绍各部分功能。

1) 绘图窗口。绘图窗口是用户绘图的工作区域，图形将显示在该窗口中，该区域左下方有一个表示坐标系的图标，它指示了绘图的方位。图标中"W"字母表明 AutoCAD 当前正在使用的是世界坐标系，而"X、Y"分别指示 X 轴和 Y 轴的正方向。

当移动鼠标时，绘图区域中的十字形光标会跟随移动，与此同时在绘图区底部的状态条中，将显示出光标点的坐标读数。读者可观察坐标读数的变化，此时的显示方式是"X，Y"形式，如果想让坐标读数以极坐标形式（距离角度）显示，可连续按 F6 键来实现。

绘图窗口包含了两种作图环境，一种称为模型空间，另一种称为图纸空间。在此窗口底部有 3 个选项卡：模型、布局1、布局2。缺省情况下"模型"选项卡是按下的，表明当前作图环境是模型空间，用户在这里一般按实际尺寸绘制二维或三维图形。单击选项"布局1"或"布局2"选项卡，就切换到图纸空间。大家可以将图纸空间想象成一张图纸（AutoCAD 提供的模拟图纸），用户在这张图纸上将模型空间的图样按不同缩放比例布置在图纸上。

2) 下拉菜单和光标菜单。单击菜单栏的菜单，弹出对应的下拉菜单。下拉菜单包含了 AutoCAD 的核心命令和功能，用鼠标选择菜单中的某个选项，AutoCAD 就执行相应命令。AutoCAD 菜单选项有以下 3 种形式。

①菜单项后面带有三角形标记。选择这种菜单项后，将弹出新菜单，用户可作进一步选择。

②菜单项后面带有省略号标记"…"。选择这种菜单项后，AutoCAD 打开一个对话框，通过此对话框用户可进一步操作。

③单独的菜单项。

另一种形式的菜单是光标菜单，当单击鼠标右键时，在光标的位置上将出现光标菜单。光标菜单提供的命令选项与光标的位置及 AutoCAD 的当前状态有关。例如，将光标放在作图区域或工具栏上再单击右键，打开的光标菜单是不一样的。此外，如果 AutoCAD 正在执行某一命令或者用户事先选取了任意实体对象，也将显示不同的光标菜单。

在以下的 AutoCAD 区域中，单击右键可显示光标菜单：绘图区域、模型空间或图纸空间选项卡、状态栏、工具栏。

一些对话框或 Windows 窗口（如 AutoCAD 设计中心），在绘图区域单击鼠标右键时弹出的光标菜单。

3) 工具栏。工具栏提供了调用 AutoCAD 命令的快捷方式，它包含了许多命令按钮，单击某个按钮，AutoCAD 就会执行相应命令，显示绘图工具栏。

在 AutoCAD2000 中，总共有 20 多个工具栏，用户可以根据需要打开或关闭某个工具栏，还可以移动工具栏，将它们放置在适当的位置。除了AutoCAD本身提供的工具栏外，用户也可以定制自己的工具栏，例如，我们可将常使用的命令按钮放置在一起形成新工具栏。

4）命令提示窗口。用户输入的命令，AutoCAD提示信息都将在命令提示窗口中显示出来，该窗口是用户与AutoCAD进行命令式交互的窗口。缺省情况下，命令窗口仅显示3行命令，但我们也可在（选项）对话框的"显示"选项卡中设置此窗口显示的行数。用户单击（工具）/（选项）命令就能打开（选项）对话框。

用户应特别注意命令窗口中显示的文字，因为它是AutoCAD与用户进行交流的信息，这些信息记录了AutoCAD与用户的交流过程。如果要详细了解这些信息，可以通过窗口右边的滚动条来阅读，或是按F2键打开命令窗口，在此窗口中将显示更多的历史命令，再次按F2键又可关闭此窗口。

此外，命令窗口还可布置在屏幕其他位置，用户将光标移动到命令窗口的标题栏，然后按住鼠标左键并拖动，就可以移动命令窗口。

5）滚动条。AutoCAD2000是一个多文档设计环境，用户可以同时打开多个绘图窗口，其中每个窗口右边及底边都有滚动条，拖动滚动条上的滑块或单击两端的箭头，就可以使绘图窗口中的图形沿水平或垂直方向滚动显示。

6）状态栏。绘图过程中的许多信息将在状态栏中显示出来，例如，十字形光标的坐标值，在绘图时是否打开了正交、栅格捕捉和栅格显示等功能，以及当前的绘图空间信息，提示文字等。

5. 使用AutoCAD2000的联机帮助系统

AutoCAD2000的联机帮助窗口如图4—3所示。

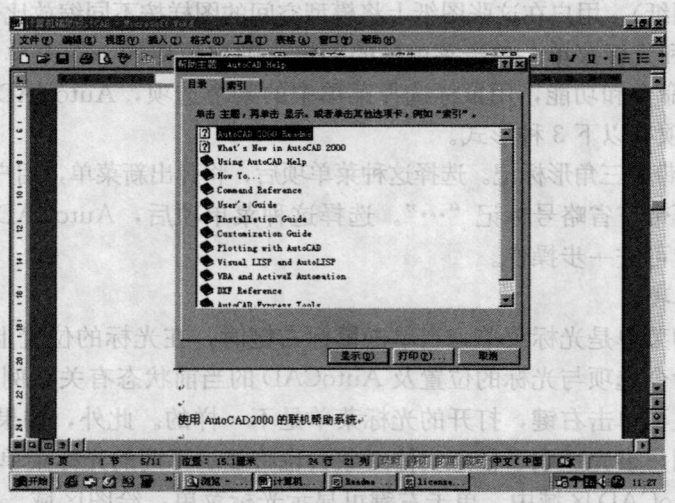

图4—3　AutoCAD2000的联机帮助窗口

利用联机帮助，学习和使用AutoCAD是一条捷径。AutoCAD的操作使用说明书及常用工具软件的使用说明都随机提供，用户可随时查阅学习。

三、PCCAD2000简介

PCCAD2000是基于AutoCAD2000，并采用AutoCAD2000的最新开发工具Object-

ARX2000 技术开发而成的工程设计系统，该系统是工作人员在总结了国内外众多二维 CAD 软件的基础上，结合 AutoCAD2000 的特点及我国的应用实际开发而形成的一套系统，是由北京清华京渝天河公司研制的。

PCCAD 是在 AutoCAD 基础上，根据中国机械工业实际情况和国家标准而开发的微机工程绘图设计系统软件。适用于机械、仪器仪表、石化、电气（器）、航空、航天、汽车、船舶、冶金等行业的产品设计、工程绘图和图纸管理，极大地提高了产品设计和绘图的效率与质量，成为广大工程技术人员的得力助手，受到普遍欢迎；PCCAD 系列软件的广泛应用，使企业彻底甩掉了图板，实现了绘图、设计、出图及管理等工作的计算机化、科学化、标准化，与国际接轨，从根本上提高了企业的市场竞争能力，取得了巨大的经济效益和社会效益。

PCCAD2000 基于 Autodesk 及 MFC 先进的开发技术，是国内第一个全部采用 Object-ARX 强大开发工具的 AutoCAD2000 的二次增值软件。多文档的设计环境，可以同时编辑多个图形，大大提高了用户的工作效率。特别定制开发的 AutoCAD 设计中心，适应用户的不同需求，强大的文档管理功能有利于团队合作完成大型设计任务。自动捕捉/自动跟踪功能，加上具有 TT 修改功能的灵活而强大的绘图，可以跟踪任何角度，任何坐标的点。对象的属性管理器（OPM）帮助使用者用更快、更精确、更简单的方法修改对象属性，提高绘图效率。上下文追踪菜单，支持鼠标右键菜单，提供最基本的 AutoCAD 和 PCCAD 命令。增强的标注功能，拟人化的工程标注风格，直观、快捷、智能。PCCAD2000 所有的标注符号均支持线宽显示，所见即所得，加之多重图形布图，支持任意形状视口，您可以得到美观整洁的理想图面。完善齐备、完全开放的最新国标符号库和标准件库，内容丰富。用户可以通过智能化、参数化设计系统，自由定制自己的零件库，并且可以任意驱动，拓宽您的设计视野。PCCAD2000 可广泛适用于机械、航空航天、仪器仪表、石化电子、船舶冶金、汽车等行业。

PCCAD2000 在保留 AutoCAD2000 原有功能基础上，增加了如下功能模块：

1. 汉化及汉字功能

所有菜单、界面全部采用汉字提示，配合大量图标，彻底消除语言障碍。

可利用中文 Win95、中文之星和四通利方等系统的输入方法和优秀特性，方便地输入汉字及特殊符号。

提供了机械行业专业术语词句库（单独模块），用户可在图纸上任何需要文字的地方采用词句库输入汉字。词句库容易维护，您可方便地建立本行业、本企业专用的词句库。文字标注时，只需在词库中点选即可，技术要求等可在瞬间完成（利用已有技术文档，稍加改动即可），此项功能可大大提高用户的文字标注速度。

2. 系统初始化

启动 PCCAD 软件后，系统自动进行初始化设置，将符合国标的图层、线型、颜色、字高等设置完毕；若用户有特殊要求，比如一些大的企业、设计院，经过长时间的 AutoCAD 使用，已经形成了自己的一套体系（如：图层名称、颜色等的定义），如果二次开发软件不能适应这一情况，将会给企业造成很大的麻烦，PCCAD2000 在这方面解决的非常好，您只需打开一个设置文件（dwg 文件），通过简单的编辑工作，即可使 PCCAD 系统软件快速地适应用户已有的系统设置及习惯。

3. 图纸设置

在同一个对话框中设置图幅、装订线、分区、对中符号、比例、标题栏、附加栏等，图层、颜色、线型、标注比例统一，符合国标，切换方便。软件自动维护图样比例，用户无须进行繁琐的比例换算，尤其是在绘图进程中改变比例时，PCCAD2000会自动更新相关设置，在这一点上PCCAD领先于同类软件，确保了工程技术人员专注于产品的开发、设计工作，充分发挥了微机的计算优势。

4. 绘图设计模块

在AutoCAD2000提供的绘图功能基础上，根据工程设计和制图的实际需要，增加了下列实用的绘图功能：

(1) 绘图工具

可以绘制切线、平行线、垂直线、垂分线、角度线、角分线、放射线、中心线、波浪线、精确矩形、快速画线等；快速画线是PCCAD软件的独有功能，彻底优化AutoCAD绘线方式。绘线时，一个命令即可完成包括平行线、垂直线、角度线在内的所有绘线工作。全面提高绘图速度，给人以面貌一新的感觉，使PCCAD软件绘图速度远远地领先于同类软件。

(2) 构造工具

截交、动态延伸、工艺特征生成方便快捷，一个工艺特征生成命令即可完成16种可再编辑的常用零件结构特征；生成的工艺特征可以随时进行直观的再编辑，构成了PCCAD的又一特色。

(3) 视图创建

主视图生成后，可自动生成正交视图、剖视图、方向视图的辅助视图，并自动生成标记符号，使得视图创建工作轻松、快捷。

(4) 局部放大

PCCAD系统可将某一图形的局部，自动放大到所需的比例，生成局部放大视图，无需重画。

5. 工程标注

在一张完整的机械工程图样上，各种工程标注的工作量绝不亚于绘图工作量。所以，一个快捷实用的工程标注模块是一个高质量的CAD软件不可缺少的重要组成部分，PCCAD系统根据机械制图的国家标准，提供了齐全的标注功能：

(1) 智能标注、尺寸标注、尺寸公差、形位公差、粗糙度、倒角标注、圆孔标记、焊接符号、引线标注、基准符号、视图标记等，尤其是"智能标注"，只需一个命令，即可自动识别直线、圆、圆弧、角度等，加上相应的符号，完成90%的尺寸标注工作，并且所有标注均可方便地编辑。

(2) 国标公差库，可自动检索并优选公差值，具有自动找基点、自动垂直等智能功能，无需再翻手册。

6. 国标符号库、零件库

根据国家颁布的最新标准，提供完整齐全的国标符号库、零件库：

(1) 国标符号库中有仪器仪表符号、电器符号、液压符号、运动符号等，所有国标符号极易查找，只需轻轻一按，就可快速调出；

(2) 标准零件库中有螺母、螺栓、螺柱、螺钉、销钉、铆钉、垫圈、挡圈、密封圈、轴承、型材（钢）等，标准件库视图齐全，均为参数化图库，只需点中尺寸参数，即可得到所需零件，节省大量重复劳动，节约大量时间，集中体现了CAD系统的优越性。

7. 用户符号库、零件库

PCCAD系统提供用户自建符号库（单个视图）、零件库（多个视图）的工具，界面直观、极易操作，并可进行多层次管理，快速建立成为用户自己的CAD系统，完全避免绘图、设计工作中毫无意义的重复工作。

8. 参数化设计及参量化图库

在企业的产品开发、设计过程中，有大量的零件、图形是相似的，甚至只是尺寸大小的变化。利用PCCAD系统的参数化设计功能，用户仅需将该图形画一次，标上尺寸变量，即可进行参数化设计，并可输入到参数化图库中。需要时只需赋予新的尺寸变量数值，立刻得到所要的零件图形，完成系列产品设计与修改，最大限度地减少用户的重复劳动。需要指出的是：PCCAD软件在建库时能处理复杂的主从尺寸、约束尺寸关系，真正符合用户建立行业标准件、常用件的实际需要。

9. 特征设计和特征库

PCCAD系统针对常用的孔、孔阵、中心孔、轴等建立了特征库，便于用户进行特征设计，技术人员无须"一笔一笔"去画，只需输入相应参数，瞬间即可自动生成图形，尤其是轴的设计生成器，支持圆柱、圆锥、螺纹、键、孔等的设计，完全面向对象，直观显示各个轴段，所见即所得。特征设计模块真正体现了CAD的"设计"功能，是计算机二维CAD系统软件的发展方向，因此，特征设计是PCCAD系统最重要的特点之一，也是PCCAD软件领先同类软件的一个重要原因。

10. 图样装配

PCCAD系统可对调入零件进行定位、消隐等处理，方便地生成装配图。

PCCAD系统还提供了丰富的序号标注、明细表自动生成与编辑功能，首创序号与明细表双向关联，修改任一标注可自动修改另一标注，明细表全自动生成、更新。且标注内容与专业术语词句库建立了联系，无须键盘输入，即可快速输入所需内容。

明细表汇总是机械设计过程的重要组成部分，一般要占绘图工作量的1/4左右，PCCAD系统可统计各种零件的数量，并输出基本件表、标准件表和外购件表等，供统计、打印、采购及与其他管理系统共享，为企业实施CAPP、MRP-Ⅱ、CIMS集成做准备。

11. 面向设计的项目管理

将产品设计功能与设计管理功能完美地结合，全面管理设计进程和电子图档，支持工作组的协调工作；提供图档管理功能，分类存储和管理不同产品的电子图档，完成文档创建、打开、删除和备份；使用多种查询方式，实时监控产品的设计进程，显示产品装配关系和零部件种类、图形、文件存储位置及文件名、报告名称、代号、材料、数量、图幅、比例等设计信息；支持自上而下（Top-Down）、自下而上（Down-Top）和混合设计模式；装配相关：上级明细表和下级标题栏对应信息关联；明细表（BOM）处理：完成项目、产品级的汇总、分类、统计和报表；图样统计功能：完成项目、产品的图样页数、A4等的统计；排图功能：自动对项目及产品的所有或指定图样进行排图。

PCCAD系统主要特点：智能化、特征化、参数化、专业化、用户化、标准化和与国际接轨。

利用PCCAD提供的二次开发工具，设计人员就可以方便地扩充PCCAD的功能，建立自己的符号库和零件库，迅速开发出适合本行业、本企业专用的计算机 CAD 系统。

四、印制电路板设计软件 PROTEL

电路设计自动化 EDA（Electronic Design Automation）的设计思想已普及到中小企业及各相关大专院校。

Protel 设计系统是一套建立在 IBM 兼容 PC 环境下的 EDA 电路集成设计系统。Protel 设计系统是世界上第一套将 EDA 环境引入 Windows 环境的 EDA 开发工具，是具有强大功能的电子设计 CAD 软件，以其高度的集成性和扩展性著称于世。Protel 公司 1999 年正式推出具有 PDM 功能的强大 EDA 综合设计环境 Protel99，它具有原理图设计、印制电路板（PCB）设计、层次原理图设计、报表制作、电路仿真以及逻辑器件设计等功能，是电子工程师进行电子设计的最有用的软件之一。该软件功能不断扩充，版本不断升级，但基本的功能和操作是兼容通用的。

1. Protel99 辅助绘图环境概述

Protel99 是基于 Windows 95/NT 环境的新一代电路原理辅助设计与绘图软件，其功能模块包括电路原理图设计、印制电路板设计、无网格布线器、可编程逻辑器件设计、电路模拟/仿真等，是一体化的电路设计与开发环境。

Protel99 EDA 用户界面如图 4—4 所示。

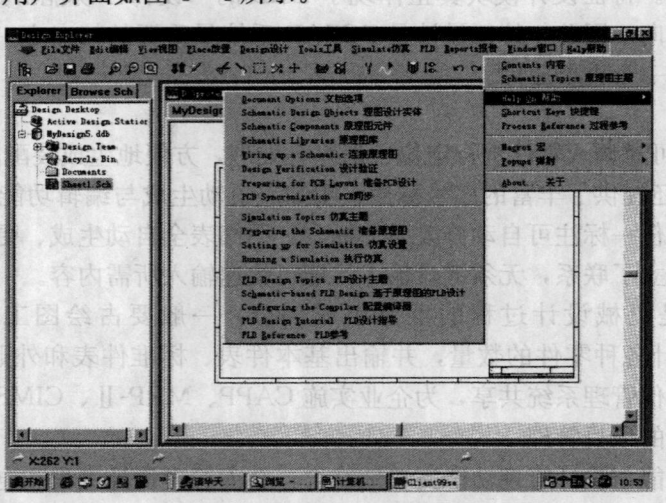

图 4—4　Protel99 EDA 用户界面

Protel99 EDA 用户界面：
(1) 标题栏（在屏幕上方第一栏）
(2) 绘图窗口（在屏幕中间）
(3) 下拉菜单和光标菜单（在屏幕上方第二栏）
(4) 工具栏（在屏幕上方第三栏）
(5) 命令提示窗口（在屏幕下方第二栏）
(6) 滚动条（在屏幕绘图窗口右方及下方）
(7) 状态栏（在屏幕下方底栏）
(8) 项目管理（在屏幕绘图窗口左方，可选项）

2. Protel99 的设计管理器

在 Protel99 中，所有的设计文档都集成在一个单一的设计库中管理，这个设计库的工具就是 Design Explorer，也就是设计管理器，包含以下部分：

（1）Design Team 管理器

Protel99 的设计是一个设计组，设计组的成员和特点都在 Design Team（设计组）中进行管理，可以在 Design Explorer 中定义设计组的成员和使用权限，这样就使通过网络进行设计变得更加方便，设计组中的成员数量没有限制，并且他们可以同时访问同一个设计库，每个成员都可以看到当前哪个文档被打开，并且可以锁住文档防止被修改。

（2）Documents 管理器

所有的文档都包含在 Documents 主目录中，其中主要有电路设计文档、电路原理图（Schematics）文件和印制电路板（Printed Circuit Board，简称 PCB）文件，以及很多子目录，包括 PCB Fabrication（PCB 板制作）文件、Roports（报表）和 Simulation Analyses（仿真分析）等。Design Documents 中不仅包含 Protel 中的设计文件，还可以输入任何类型的应用文档，如 Microsoft Word、Microsoft Excel、AutoCAD 等，用户可以直接在设计管理器中打开和编辑这些文档。

3. Protel99 的电路设计模块

（1）电路原理图的设计 Schematic 模块

（2）印制电路板设计 PCB 模块

（3）PLD 逻辑器件设计

（4）可编程逻辑器件设计

（5）电路仿真

如图 4—5 所示印制电路板设计 PCB 窗口示例中，可以看到，应用窗口提供的设计管理器、菜单、工具及在线帮助，就可以进行印制电路板设计 PCB。Schematic 模块电路原理图的设计、PLD 逻辑器件设计、可编程逻辑器件设计、电路仿真等设计窗口亦类同。

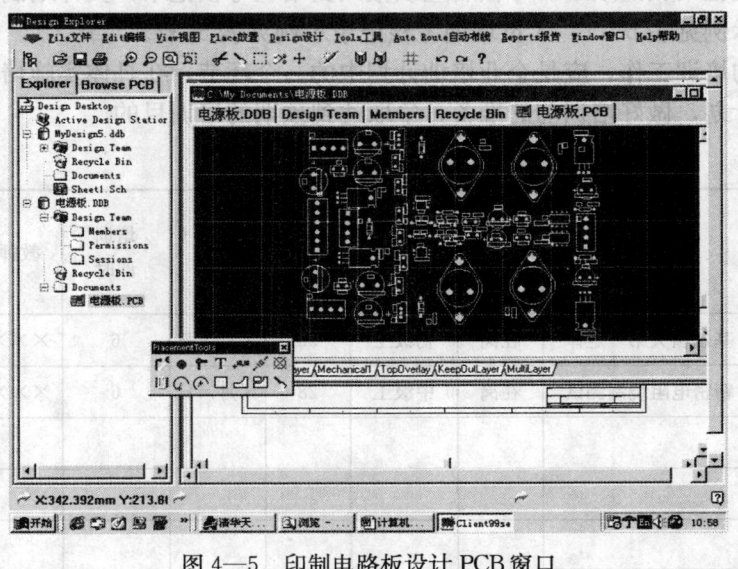

图 4—5 印制电路板设计 PCB 窗口

第五章 培 训

教育是人力资源能力建设的基础,学习是提高职业技能的基本途径。为规范企业职工培训工作,提高职工队伍素质,增强职工的工作能力,劳动部和国家经贸委于1996年制定了《企业职工培训规定》。其中第十六条要求,"职工应按照国家规定和企业安排参加培训,自觉遵守培训的各项规章制度,并有义务向本企业其他职工传授所学的知识和技能。"技师是企业职工队伍中的骨干力量,具有丰富的实践经验和一定的理论知识,应具有指导本职业初、中、高级工进行操作的技能和讲授本专业技术理论知识的能力。培训的计划性、培训的过程、方式、方法及培训效果,是评价技师培训指导能力的依据。

一、培训计划

劳动部、国家经贸委制定的《企业职工培训规定》(劳部发〔1996〕370号)第八、第九条中要求:企业应建立健全职工培训的规章制度,根据本单位的实际,对职工进行在岗、转岗、晋升、转业培训,对学徒及其他新录用人员进行上岗前的培训。

企业应将职工培训列入本单位的中长期规划和年度计划,保证培训经费和其他培训条件。

根据上述规定,企业的人力资源部门或专职的教育培训部门,应根据企业的工作重点、产品结构和发展规划等,制定企业的培训计划,并组织实施。企业中的各部门和相关人员应按计划规定的内容、时间,对规定的人员进行培训,并确保达到规定的培训课时,培训后应进行考核,以检验培训的效果,考核后应填报人员培训考核记录,交计划制定部门存档。年度培训计划的示例见表5—1,人员培训考核记录示例见表5—2。

技师参与的培训工作,应是企业培训计划中的一个环节,在具体实施培训之前也应制定出相应的具体计划,做好培训前的准备,争取达到预期的培训目的。

表5—1　　　　　　　　　　年度培训计划示例

序号	培训项目	培训内容	培训类别	受培人员		培训日期	培训课时	教师	考核方式	完成情况
				类别	人数					
1	基础知识	基尔霍夫第一定律	在岗	初级工	30	×月×日	6	×××	笔试	
2	装配技能	精密电阻绕制测试	在岗	中级工	28	×月×日	6	×××	实操	

表 5—2　　　　　　　　　　　　　人员培训考核记录示例

计划序号	2004—1	培训类别	在岗	培训部门	装配车间
培训课时	6	应到人数	30	实到人数	30

培训方式及内容：
授课
基尔霍夫第一定律与电桥电路。

授课（指导）教师：×××
培训日期：2004．××．××

考核方式及记录：
笔试答卷考核满分为100分，在接受培训的30人中90分以上为12人，80～89分为13人，70～79分为5人，培训人员名单、考核成绩及试卷附后。

考核人：×××
考核日期：2004．××．××

填表人	×××	填表日期	2004．××．××	培训部门主管签字	×××

二、培训方法

1. 示范

示范是培训者用自己完全符合工艺标准的规范操作，使受培训者技能得到提高的一种培训方式。进行示范培训应注意以下几点：

（1）示范培训前应做好充分的准备

示范培训前应准备的工作有以下几方面：

1）选择示范操作工序的内容。

培训应有的放矢，用于进行示范培训的工序内容应重点从下列三方面选择。

①初、中级工不易掌握的。

②实际生产中出现返工机率较高的。

③对整机质量影响比较大的。

2）认真学习工艺文件和相关技术标准。因为是"示范"，操作过程必须十分规范。因此在进行示范培训前，应再次认真学习工艺文件和相关标准，对细小的环节也要十分注意，必须避免使用不规范的习惯性操作方法进行示范。

3）零部件、设备、工具的准备。应按图样、工艺文件的规定，在培训前选择好示范工序所用的零部件、设备、工具及辅助材料等。

4）示范场地的准备。用于示范操作的场地，可根据受培训人员的人数、示范需用的设备、电源等情况进行选择，场地确定后应进行合理布置，以利于示范操作培训。

（2）示范培训的过程与方法

示范操作可采取多种方式进行，一般可分为四步：

1）示范前的讲解。讲解的内容包括：

①本次示范操作的内容和受培训者应观察的重点。

②工艺文件、技术标准中与本次示范操作有关的内容条款。
③操作完成后,应达到的指标与要求。
2) 示范操作。
①对照图样、工艺文件,说明操作中涉及的零件与部件,可用合格零件与不合格零件进行直观的对比,使受培训者提高检查、识别的能力。
②边操作边讲解。在示范操作过程中应随时进行讲解,提示什么是正确的操作方法,什么是不正确的操作方法以及应注意事项是什么。
③操作难点可重复操作。有一些难于掌握的、关键性的操作,经常要求在很短的时间内完成(例如某个关键部位的焊接),因此受培训者难于一次就看清楚,可多准备一些零部件重复进行示范。
④操作后的检查。操作完成后,用工艺规定的仪器、仪表、量具等进行检查,对照工艺的要求说明判定合格与不合格的方法和标准。
3) 答疑。示范操作后,应留有提问和答疑的时间,这对于提高和巩固培训效果是十分重要的。
4) 试操作。
受培训者看过示范之后,可由教师指定或自愿进行试操作,试操作应由示范者进行指导。这一环节十分有益于巩固培训效果。如果按受培训人员的一定比例指定试操作人员,可将操作结果评分后记入考核记录。

2. 面授

面授与示范是两种不同方式,是实现培训目标的不同路径,又都是十分必要的。面授培训更侧重于理论知识,其内容应与具体产品和实际操作密切相关,其目的是使受培训者不仅知道如何操作,还要知道为什么应该这样操作,不仅能装配出部件或整机,还能了解其工作原理与规律,不仅能了解所装配的部件或产品本身,还能了解与之有关的多方面相关知识,从而提高受培训者的操作技能。面授培训应力求避免纯理论化,要注重理论与实践的结合。对那些与生产实践距离较远的理论知识,可通过其他途径进行培训。

(1) 授课前的准备
1) 编写教案。授课前应根据讲授的内容、课时、受培训人员的技术等级等情况,编写出一套教学方案,包括讲授的具体内容、顺序、引用的例证、公式、图表、讲授的重点等内容。
2) 收集资料。与授课内容相关的资料,如本职业的《国家职业标准》,相关的专业技术标准(国家标准、行业标准、企业标准)、相关产品的设计文件、工艺文件等应收集齐全,授课时需引用的条款要摘录在教案中,如需参考其他书籍,也应收集准备好。
3) 收集实物。授课过程可用实物进行演示和讲解,例如授课内容中涉及的产品、零部件、设备、工具等。使用实物作为教具,可使授课更为直观、生动,易于使受培训者接受和理解,所用的实物应预先准备齐全,并一一检查是否符合授课内容要求,能否实现验证理论基础知识的目的。对所需处于完好状态的实物,除做事先检查外,在演示过程中接通电源前还应进行检查。
4) 其他教具的准备,如利用书写板进行讲授,应准备好书写板(黑、白)及相应的粉笔、记号笔等,如用计算机、幻灯片、投影仪进行讲授,应检查好相关设备及准备好软盘。

（2）讲授的过程与方法

1）讲授的过程一般可按下述顺序进行：

①概述本次培训的内容及重点。

②按教案进行讲授。

③回答受培训者的提问。

④小结。

2）讲授的方法及注意事项。

①授课应按教案循序进行，紧紧围绕本次培训的主题，既不可照本宣科，也不能离题太远。

②授课应与生产实际密切结合，牢记培训的目的是提高受培训者的职业技能。

③板书应字迹清晰，字不能写得太小。

④语言应精炼，能准确表达出所要讲述的内容，所用的词语应规范。

⑤在讲授时要注意受培训者的反映，必要时可重复一下讲过的内容，授课中的重点要突出。

⑥可与受培训者交流、探讨。

⑦要注意总结，不断积累经验，在提升受培训者技能水平的同时，使自身的职业素质也有所提升，达到教学相长的目的。

3. 纠错

纠错是一种即时指导的培训方式，可以收到立竿见影的效果。培训者通过观察或检测，善于发现被培训者的错误操作方法，装配后的部件存在质量缺陷时，及时指出并加以纠正，这种作法称为纠错。纠错的关键是培训者必须具有丰富的经验和敏锐的观察力。"错"与"不错"的界定依据是图样、工艺文件和专业技术标准。纠错的过程可包括：

（1）指出错误所在之处。

（2）对照技术文件说明错误的原因。

（3）提出纠正意见，必要时予以示范。

（4）继续观察，防止错误的重复。

对纠错中发现出现频次较多的问题，可纳入培训计划，以示范方式或面授方式有针对性地对此类问题加大培训力度。

第二部分 电子仪器仪表装配工高级技师技能

第六章 投产前的组织与准备

第一节 准备图样和技术资料

新产品设计定型,经过样品和小批量试制后,将进入正式批量生产。小批量试制是对技术资料和工艺文件的可靠性,以及设备、工装、工人技术水平和实用性的一次检验。在大批量生产之前、小批量产品鉴定后,对产品图样、技术文件和工艺文件的更改,要注意实用性及合理性,尽量使产品完善、可靠,使批量生产顺利进行。

一、图样资料完整统一

在整理图样的过程中,要注意图样、技术文件、产品标准及生产工艺等技术文件的完整性和统一性,使之能正确地指导生产、保证质量和安全操作。

二、生产文件齐备

安排生产是在技术标准、图样资料完整的情况下进行的。工艺文件、工装设备、原材料的检查,以及生产计划、工时定额等项工作也同时要准备齐全。要充分考虑在大批量投产时可能出现的生产技术问题,发现的问题要及时解决、组织好班组的全体职工齐心努力,共同完成批量生产任务。

三、行业、职业标准和单位工人状况调研分析

高级技师在产品大批量投产前熟知单位技术设备情况、工人素质及技术水平是十分必要的,从单位角度分析是否有条件有能力进行该项产品生产,哪些条件尚不具备,是否能及时解决,技术工人是否受过专项培训,达到了什么等级,对本职业标准是否清楚,对将要生产的产品的企业标准、行业标准、国家标准及同类产品的国际标准是否了解。对上述这些情况都应进行深入的调查和分析,写出分析报告。采取上述调研分析对改进生产状况、提高技术水平、保证产品质量及合理安排调配人员都会起到指导作用。

四、国内外同类产品的分析对比

国内外同类产品的分析对比工作,在产品设计之初产品设计人员就已经形成了一个对比

文件。这个文件内容包括了国内外产品的名称、型号、规格、性价比等情况,文件还包括需求量、替换周期及今后发展前景等项基本内容。此项调研结果是经过设计组及有关领导的批准认定的,作为技师、高级技师应该熟知这些情况,在生产实践的过程中找出不足加以改进。

第二节 装配工艺过程

一、装配组织形式

装配工作的组织形式有多种,采用哪种组织形式取决于生产性质。生产性质是指大批量生产还是小批量生产,或者是由一个生产班组轮流生产多个品种的产品。一般大批量生产的产品,常年生产的产品,多在一个班组生产,有专用的生产线。初期组织生产线工作量很大,但由于生产量大,生产时间长,总体上看仍然是高效有利的。对于批量小的产品,可以轮番生产,但生产组织要严密,充分利用时间。从生产内容上看,如生产多种产品它们都需要有电源、基架、印制电路板、线圈等零件组件,那么每个产品的生产班组都要有这些工装设备,因此从生产量和工装设备上看其利用率就会不足。这时需要把每一个专业工序分别提出来,组织专业小组来完成,其产品供给装配组进行总装。这样生产效率、质量均会有很大的提高,也有利于节约成本。因此生产的组织形式要根据生产状况而定。

二、装配前的准备工作

装配前最主要的准备工作是学习产品标准、明确产品要求,另外要很好地熟悉操作工艺、认真操作、保证产品质量;检查工装设备,检查使用的仪表、调校装置的可靠性、完整性。准备工作还包括提高操作工人的操作水平使其在生产操作中少出差错、注意安全生产不出生产事故。除此以外,技师、高级技师还应在装配前对生产组织、生产准备要做到心中有数,组织调配合理,认真实施。在装配前的工具准备也是必不可少的,必备的工具包括工装、工具、量具及检测仪器仪表等。

三、电子仪器仪表装配

电子仪器仪表的装配包括以下几个部分:机械部分、电子部分、光学部分等。

1. 机械装配

机械装配是指仪器仪表的基础部分,即基架、支座、仪器的骨架、基本支撑等部分的装配。这些部分要按图样的要求准备零件,按工艺要求操作安装。

机械装配的型式一般采用螺钉连接、铆接和焊接方式,不管采用哪一种连接方式其连接都要牢固。整体要有一定的刚度不可松动,表面的镀层不可划伤。同时需将仪器的基础导线安装好。

2. 电器装配

电器装配是指将焊接好的印制电路板以及变压器、大型的电容等器件,安装在经机械装配后的基架上。然后按电气线路把各种器件及印制电路板用导线接通。电器装配包括通电试验后的调试。调试过程应按产品标准的要求进行，应保证产品的质量精度，经严格检查后合格的产品才可包装入库。

3. 光学装配

光学装配是指按照装配图表示的连接关系和要求，将光学零件和机械零件连接起来，并通过必要的检查校正手段，达到规定的技术要求。

光学仪器的装配特点有：

（1）机械零件与光学零件连接时，应保证连接的牢固性，但不能引起光学零件产生应力。如果压力过大，会使光学零件发生变形。

（2）需要满足光学系统成像质量的要求。

（3）仪器的内表面、零件表面，特别是光学零件表面要求非常清洁。因为一切附在光学零件表面上的污垢等都将减少光束的通过。若污垢在光学系统的成像位置附近，则在视场内可直接观察到，这会影响观察以致造成测量错误。

（4）光学仪器的使用环境各不相同，要求仪器在外界的影响下有良好的稳定性，并具有良好的密封性、防水性、防振动性、防腐性及在不同温度下能正常工作的特点。

四、校正和检查

装配后的仪器仪表通电调试校正是一道重要的工序，它的主要工作就是在标准环境和标准条件下，对基本误差的校正，使其达到技术标准规定的技术指标。在校正工作中，如果发现基本误差与要求有出入，首先，要分析出现问题的原因，找出是元器件的问题还是调整的问题；是计量基准有问题，还是环境的影响；除此以外还要考虑到是否有其他因素会影响技术指标超差。分析原因之后按不同的情况区别对待，使出现的问题得到解决。经过调整、比对、校正的仪器仪表即可送检验部门进行专业检验。经过专业检验后合格的产品，即可作为合格成品包装入库。

第七章 生产指导与工艺创新

第一节 生产指导

一、装配工艺规程

电子产品装配是按照设计要求,将各种元器件、零件、部件装接到规定的位置上,并组成具有一定功能的电子产品的过程。电子产品装配是生产过程中一个极其重要的环节,优良的装配工艺是生产高质量产品的前提,是最合理、最经济方法的体现,是实现产品性能的重要条件。装配的方法和过程就是工艺规程。

1. 装配工艺要点

产品设计工作定型之后,工艺工作就是企业生产技术的中心环节,它贯穿于产品的整个生产过程。工艺工作能反映出一个企业的技术水平和综合管理能力,是决定企业生产能否达到优质、低耗、高效的关键。

工艺工作包含工艺技术和工艺管理两个基本内容。工艺技术是企业在长期生产中逐步积累起来的,是在应用先进科学技术成果中,所掌握的各项生产技术的总和,它反映企业的加工水平和生产能力。工艺管理是保证工艺技术在生产实际中的应用和不断发展的管理科学,它包括对工艺工作的计划、组织、协调和实施。

工艺工作的具体内容应由产品所处的阶段确定。在产品的研制阶段,其内容是确定产品的制造方案,做好生产前的各项技术准备(如编制工艺文件、进行工装准备等);在产品的制造阶段,其工作内容是组织和指导产品的加工生产,直至成品出厂而采取的一切必要的技术措施和管理措施。

从产品生产的角度看(批量生产)工艺工作的主要内容有:

(1) 生产工艺的调整、工装的完善

根据产品生产的实际情况,对不符合要求或不适应生产的工艺、工装进行调整与完善。如需更改工艺文件,则应填写更改通知单、并执行更改会签、审核和批准手续。

(2) 质量管理

质量管理包括做好各类质量台账的收集、统计、分析和反馈工作,及时处理、解决有关质量问题,做好各种抽样、测试和试验工作。

(3) 物料管理

物料管理主要有对生产流程中的成品、半成品、待检品、合格品、不合格品、废品等应按要求提出标志牌,严格进行区分,杜绝混料现象。对有使用期限的物料要统一归类,定期核查;对有特殊要求的器件、材料(如安全器件)要在醒目的地方挂标志牌。

(4) 现场管理

生产现场的人员、设备、物料等应按要求有确定的位置，要保持通道畅通、环境整洁、光线充足。生产工具应摆放有序，设备、仪器仪表应保持清洁。

(5) 生产管理

生产配套部门应按工艺要求合理安排作业计划，加强生产准备和调度工作，按生产计划及时供料，为实现均衡生产提供物质保证。工艺技术人员要保证工艺规程的正确性、合理性，为保证均衡生产提供技术保证。

(6) 安全管理

安全管理的主要内容应从工艺管理上保障产品在生产过程中操作者、设备及产品的安全。

(7) 技术培训

培训工作的主要内容是做好新工人的岗前培训及其他工人的日常在职技术培训。

(8) 工艺纪律的检查

工艺纪律检查包括检查操作者是否按工艺规程操作，是否按要求使用设备、仪器及工具，是否穿工作服、戴工作帽、穿工作鞋，是否按要求采取了防静电措施。原材料、零部件，整机有无堆积现象等。

生产企业必须健全相应的监督、考核和奖惩措施，保证工艺工作持续、有效地贯彻执行。

2. 保证零件、元器件、部件的质量

完整的仪器仪表都是由零件、元器件、印制板等组合而成的，经过安装、调试、校验成为符合标准的仪器仪表。为了保证产品质量，安装前要对零件、元器件本身的质量、使用的材料、加工工艺及表面处理等按其技术标准和要求进行检验、筛选，达到质量标准的才能应用到仪器仪表的装配当中。零件和元器件质量的好坏对仪器仪表的质量是至关重要的。

仪器仪表也是由多个部件或装配单元组合而成的。部件在仪器仪表的组合中，分机械部件和电气部件。通过机械和电气连接后才能最后成为成品。因此也必须保证部件（装配单元）的质量。

3. 整机装配工艺规程

整机装配通常在流水线上进行，整机装配工艺过程如图 7—1 所示。

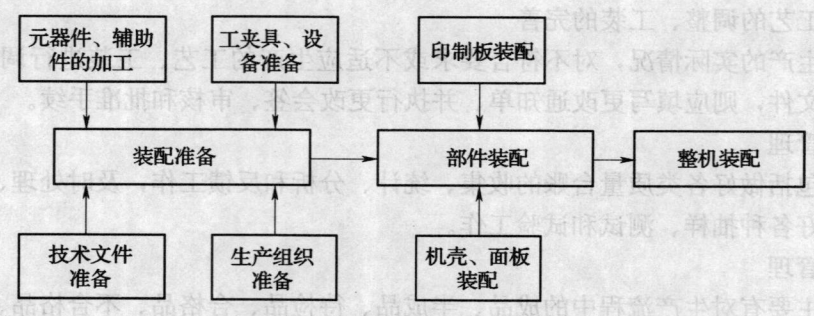

图 7—1 整机装配工艺过程图

整机装配规程主要是装配顺序和装配方法。整机装配顺序主要分装配准备、部件装配和整机装配三个部分。装配准备包括元器件、辅助件的加工，工装夹具、设备的准备，技术文件的准备，生产组织准备等，在装配工作的组织和准备完成之后，部件装配工作即可进行。整机的所有部件装配完成之后即可进行整机装配。当然装配方法要按具体的操作工艺进行。调试、校验也要按调试工艺和校验方法进行。

二、解决装配与调试中出现的难题

批量生产的产品，由于生产时间长、工艺操作合理、元器件供货稳定质量也有保证，所以生产当中一般不会出现难题。但是在采用新技术、新工艺或设计的更改和元器件变动后，生产中就会出现一些问题，有的还是很难解决的，如零件、元器件改变，其外形尺寸变大使原来的安装空间不够，装配工作就很难进行了。再如元器件的参数有所改变使调试方法、程序都会有所变动。因此在改变设计时应首先做好可行性试验，拿出改进实施方案和具体的操作工艺，以便顺利进行生产。还有当采用新技术和新工艺时不免会使整机的结构和电气连接有所改动，这样在电器之间就会产生一定的影响，使测试结果的不稳定性和误差增加，给调试工作带来困难。为解决难题就要细心试验、改变操作工艺、合理安排相互之间位置和连接方法，使调试工作顺利进行。这类工作就需要有经验的技师、高级技师充分发挥自己的经验优势、技能优势和知识优势使调试工作顺利进行，保证整机质量稳步提高。

三、设备管理

1. 设备管理与维修组织

电子仪器仪表整机及部件装配所使用的设备，以电工和电子仪器仪表及有关的测试设备为主，一般机械加工设备不多，有普通的台钻和砂轮等就可以了。设备的管理和维修在生产中也是一项重要的工作。设备的完好和正常使用，是生产管理中的一部分。在生产企业中对设备的管理、使用、维护均有管理制度和规范的维护、维修方法。在管理制度中包括设备的利用率、设备的计量、设备的检测制度、借用方法、维护措施、报废要求以及维修制度等。一般大、中型企业均有维修小组，除大修以外根据有关规定可以进行检修。修理后的设备有修理合格证的才可以继续使用。

2. 设备的使用与维护

在产品的装配过程中使用的电工、电子仪器仪表一般是比较精密的，在使用时要特别注意。使用前要仔细阅读使用说明书，掌握使用方法，了解注意事项。核对电源工作电压，熟悉面板上的开关、旋钮的作用，以及接线方法和操作程序，能够正确选择挡位。测试完毕要将可调节的旋钮调回到零位，切断电源并拔下电源插头。仪器仪表的存放环境温度在$-10\sim40℃$，相对湿度不大于80%，并要注意防尘，保持清洁。仪器仪表要定期进行检定，保证精度。发现不合格的仪表要及时报修。

3. 设备的改造、更新和报废

由于产品的更新和新产品的生产对仪器仪表的要求也要随之更新和改变，更新和改变的途径有改造、更新和报废。有的产品要求仪器仪表增加新的功能和量程，针对这种情况，如果自身有条件采取一定措施对原仪器设备进行改造，使其增加功能的，则可进行改造。如果原仪器设备满足不了新产品的要求，就要提请有关单位批准购置新的设备，并具体提出规格、量程、型号及有关的数据，保证满足生产的需要。对于一些老设备，使用年限太长，精度及稳定度均不能满足生产要求的要提请报废，更换新的设备满足生产需要。

4. 现代管理技术在设备管理与维护中的应用

完好的设备对企业正常生产有非常重要的意义，同时生产设备的管理与维护也是现代管理技术中一个重要的环节。ISO 9000 系列标准中也明确指出，仪器仪表的设备因素是工作质量中的一个主要条件，应用现代管理技术对企业的设备进行管理、维护是对企业正常生产运行的重要工作，完好的设备也是对产品质量的可靠保证，正常运行的设备及完好率是由相应的管理机制和管理技术决定的。设备的管理和维护也是全面质量管理的重要内容之一。

在设备管理和维护工作中必须制定相应的规章、制度和监督检查的条款，以便于在具体执行中有章可循，使设备管理和维护工作做得更好。

第二节 计算机在仪器仪表中的应用

仪器仪表是检测工具，在工业生产中对运行和待检设备起监视、监测和显示状态的作用，它从生产现场获取各种参数，运用科学规律和系统工程的方法，有效地综合各种先进技术，通过自控手段和装备，使每个生产环节得到优化，进而保证生产规范化，提高产品质量，满足需求，保证安全生产。

仪器不是机器，绝大多数也不是简单的机械结构，不是精密机械和光学简单相加，而是光、机、电、计算机、材料科学、物理、化学、生物等学科先进技术的高度综合。

在微型元器件、微型传感器、微处理器高度发展的基础上，现代仪器的自动化、智能化、网络化等新技术进入广泛实用阶段。在现代高档次的仪器仪表中，计算机技术的应用十分普及，掌握计算机在仪器仪表中的应用原理是十分必要的。

一、传统仪器仪表的分类及结构

传统的仪器仪表分为电化学式、热学式、磁式、光学式、射线式仪表和电子光学式分析仪、离子光学式分析器、色谱仪、物理量测定仪等几类，传统仪器仪表结构方框如图7—2所示。

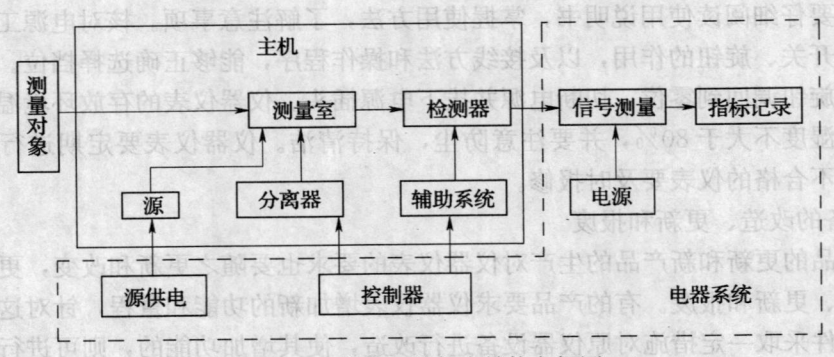

图7—2 传统仪器仪表结构方框图

主机是仪器仪表的主体，其作用是将被测物质的成分、浓度及其有关物理量进行能量转换，转换由主机内的传感器、变换器或分光器完成，转换后变成电阻、电容、光谱等物理量。主机由源、测量室、检测器、分离器、辅助系统等五部分组成。

电器系统的主要任务是将传感器、变换器或分光器传出来的物理量转变成相应的电信号，并将信号进行放大，然后用仪表指示（或记录）出被测物质的被测量。电器系统的核心部分就是信号测量和处理部件，另外还包括源供电部件，主机辅助系统的控制器以及被测物质预处理系统。控制器用于控制主机辅助系统和分离器的温度、磁场和电场，被测物质预处理用于如除湿、除尘、气路切换等供电和控制部件。

传统的仪器仪表应用机械部件及分光元器件组成信号测量、处理及辅助系统的控制，不但装调繁杂困难，而且功能有限、可靠性差，仪器精度也难于提高。

二、仪器仪表的计算机系统组成（框图）

微机化的仪器仪表与传统的仪器仪表的原理和结构均有所不同，其组成结构如图 7—3 所示。

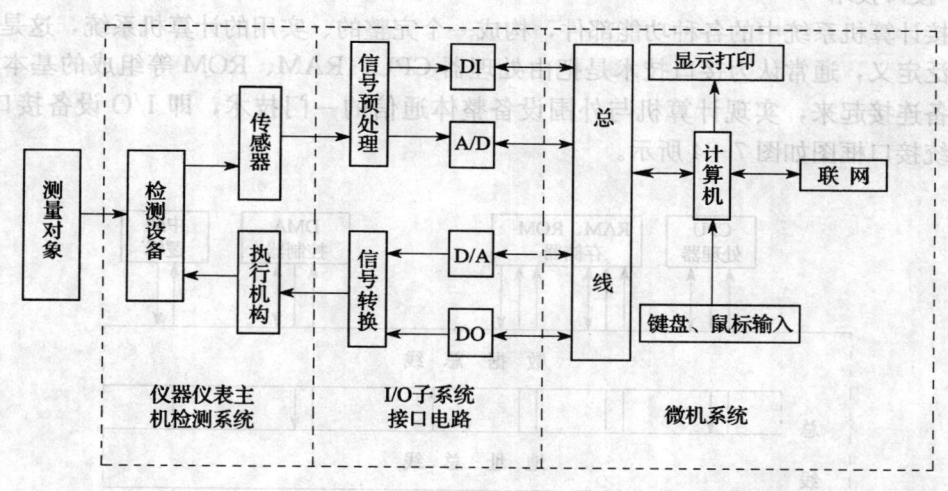

图 7—3　微机化的仪器仪表

图中 DI 为开关量（数字量）输入，DO 为开关量（数字量）输出，A/D 为模拟/数字转换，D/A 为数字/模拟转换，I/O 为输入/输出。

微机化的仪器仪表由三部分组成，检测系统（仪器主机）、I/O 子系统和微机系统。不同类型分析仪器的检测系统是不同的，其复杂程度也不尽相同，但微机系统都大致相同。针对不同的仪器设计，选择不同的 I/O 子系统和接口电路，编制相应的分析应用程序，是仪器设计者的主要任务。

微机化的仪器仪表可以用软件完成许多硬件的功能，使仪器部分电路得到了较大程度的简化。因微机芯片体积小，价格便宜，使仪器体积变小，成本降低；而功能恰成倍地增加：测量速度加快，精度提高，仪器仪表具有自我故障诊断能力，维修方便，可靠性高。

1. 微机在分析仪器中的功能

(1) 数据处理功能

近代分析仪器数据是由一些复杂信息组成的波谱图，如光谱、色谱、质谱、核磁共振谱等，对这些信息必须经过运算才能得出定性、定量分析结果。利用计算机作数据处理，可以大大节省人力和时间，减少误差，特别对一些复杂波谱，如红外干涉光谱、核磁共振光谱等采用傅立叶转换处理，将复杂未知试样的分析数据与大量标准图谱信息比较，然后取得定性结果，这些处理只有采用计算机才能实现。

(2) 自动控制功能

在联机用法中，计算机不仅能对数据进行处理，而且可以通过接口控制分析仪器的性能，自动校正仪器零点，从而使仪器从进样到最终分析和数据的检出整个分析过程自动进行。

(3) 分析实验室全盘自动化功能

在分析实验室中，用同一台计算机可以同多台分析仪器联用，构成以计算机为中心的分析仪器计算机系统。还可以采用网络通信系统、电声耦合接口等与大型计算机联用，分享大型计算机所具有的功能及其庞大的数据库，对未知试样数据进行分析，最终实现实验室全盘自动化。

2. 接口技术

连接计算机系统中的各种功能部件，构成一个完整的、实用的计算机系统，这是接口技术的广泛定义，通常认为接口技术是把由处理器 CPU、RAM、ROM 等组成的基本系统与外围设备连接起来，实现计算机与外围设备整体通信的一门技术，即 I/O 设备接口技术。微机系统接口框图如图 7—4 所示。

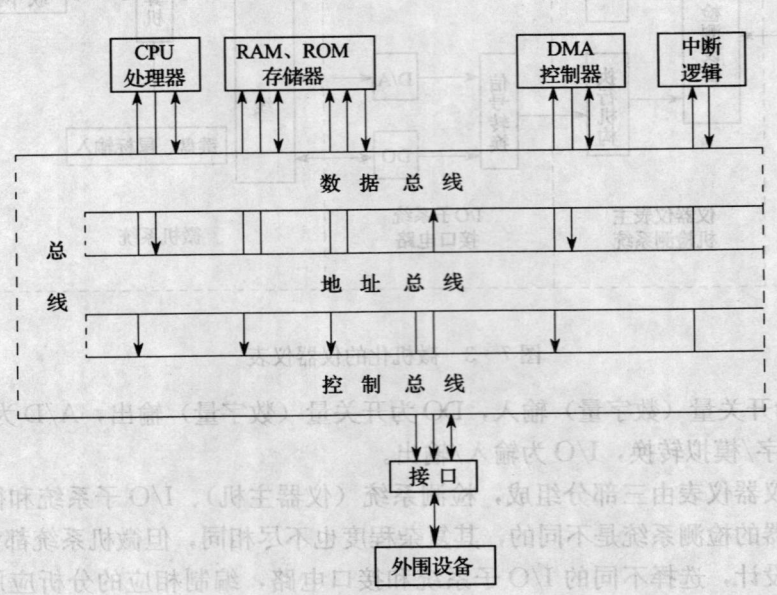

图 7—4 微机系统接口框图

微机系统的所有系统部件均可直接连接到数据、地址、控制三种总线上，使系统结构很简单，数据总线是双向的，采用三态逻辑；地址总线是单向的，一般情况下，微处理器给出地址码，但在 DMA 操作期间，地址码是由 DMA 控制器发出的，地址总线也采用三态逻辑；控制总线用于传输来自或送至微处理器（或 DMA 控制器）的各种同步信号、时钟和复位、中断请求与认可、DMA 请求与认可等各种信号，控制总线一般不采用三态逻辑。图上方的 CPU、ROM、RAM、DMA 控制器、中断控制逻辑等组成了基本系统，接口位于系统总线和外围设备之间。

(1) 接口一般具有如下五种基本功能

1) 信号电平的转换。外围设备大多是复杂的机电设备，有各自的电源系统，其电气信号往往不是 TTL 电平或 MOS 电平，与系统总线的电气规范不一致，因此由接口完成交换信号的电平转换。有些接口还采用光电耦合技术，使主机与外围设备在电气上是隔离的，以防止干扰。

2) 数据格式的转换。系统总线上传送的是 8 位、16 位或 32 位并行数据，而一些外围设备采用的是串行数据传送方式，这就要求接口能完成并→串和串→并的转换，即使并行外围设备，其数据的位长和使用的代码格式也可能与计算机使用的不同，而需要数据格式的转换，有的还需要 D/A 和 A/D 转换，这些数据格式的转换均由接口完成。

3) 数据的寄存和缓冲。与 CPU 工作速度相比，外围设备是低速的，为充分发挥 CPU 的工作能力，接口内设置有数据寄存器或者 RAM 芯片组成的数据缓冲区，而成为数据交换中转站，接口数据保持能力在一定程度上，为缓解主机与外围设备的批量数据传输创造了条件。

4) 对外设的控制与监控。接口接收到 CPU 送来的命令字或控制信号、定时信号、实时请求，对外围设备实施控制管理，外围设备的工作状态字或应答信号及时返回给 CPU，以"握手联络"过程来保证主机与外围输入/输出操作的同步。

5) 中断请求。DMA 请求的产生，为满足实时性要求和主机与外围设备并行工作的要求，有些外围设备以硬件中断请求形式，请求主机为它服务。为此，接口应具有中断请求的产生与屏蔽逻辑，有的还具有优先权排队逻辑，对于可采用 DMA 方式传送数据的外围设备，其接口应具有 DMA 请求产生与屏蔽逻辑。

当然，并不是所有接口都需具备上述全部能力，可根据具体情况简化设计。

(2) 端口的编址方式

外围设备接口中可被主机直接访问的一些寄存器常称之为端口，一个接口常常有几个端口，如数据端口、命令端口、状态端口，等等，如何实现对这些端口的访问，涉及到这些端口如何编址的问题，有两种方式，存储器映射方式和 I/O 映射方式。

1) 存储器映射方式。这种方式下的端口和存储单元统一编址，即存储空间划出一部分给外设端口，微处理器不设置专门的输入输出指令，凡对存储器可以使用的指令都可以用于端口，具有操作方便灵活，并对端口内容进行算术逻辑运算、移位等功能，且端口有较大的编址空间，缺点是占用了存储器的地址，使存储器容量变小。

2) I/O 映射方式。这种方式下的端口不占用存储空间，所有端口地址单独编址构成 I/O 空间，微处理器要设置专门的输入输出指令来访问端口，其输入输出指令和访问存储器指令有明显区别，使程序编制清晰，便于理解，其缺点是输入输出指令类型少，一般只能对端口进行传送操作。

(3) I/O 控制方法

I/O 控制方法是基本系统和外围设备之间数据传送的管理方法，有三种基本的 I/O 控制方法，即有轮询法、中断法和 DMA 法。

1) 轮询法。轮询法也称程序查询，即外围设备的数据传送都是由程序完成的，每个外围设备设置标志位表示设备就绪请求服务，而微处理器连续不断地测试各个外围设备的标志位称为轮询，当发现有要求服务的外围设备时，就投入相应的服务程序为它服务，为它服务完毕后再恢复循环测试过程，其特点是硬件的开销极少，数据传送与程序执行同步，设备服务是顺序进行的，其缺点是花费较多的微处理器时间，速度慢，不适合于实时系统。

2) 中断法。中断法是一种异步机构，每个外围设备或者是它的控制器都与一条中断请求线相连，当某个外围设备要求服务时，它就产生一个脉冲或电平信号沿这条线送到处理器，处理器在每条指令结束时，都检测这根中断线上的输入信号，如果没有中断请求，继续执行下一条指令，如果有中断请求，处理器暂停现执行程序，保护断点，转去执行一个相应的中断服务程序，服务完毕，则恢复断点并由此继续执行原程序，该方法的特点是响应速度快，适于实时处理。

3) DMA 法。DMA 法使用一种专用处理器（称为直接存储器访问控制器 DMAC）的硬件，完成外围设备和存储器之间的高速数据传送。

(4) A/D、D/A 转换器

在过程控制和数据采集过程中，被测量或被控制的对象的参数往往是温度、压力、流量、声音等一类的模拟量信号，即为连续变化的物理量。而数字式的计算机处理的是数字量，即为不连续的，其值为数目有限的量。n 位字长只能表示 2^n 个不同的数值。于是，计算机用于过程控制和数据采集过程时，就需要用模数（A/D）转换器来完成模拟量到数字量的转换，用数模（D/A）转换器完成数字量到模拟量的转换。

1) A/D 转换器

A/D 转换器是把一个模拟电压信号转换成 n 位二进制数，实际上是把连续变化的电压量变成 2^n 个不同的数字值，量化过程是个近似过程，只能从 2^n 个数字中选取一个作为采样的近似值，而模拟量本身又容易受外界干扰，故 A/D 转换器会产生误差。使用时还要注意厂家提供的性能参数，这些参数主要有：

①分辨率。分辨率是转换器对输入微小变化响应能力的量度，它是数字输出最低位（LSB）所对应的模入电平值。其量化当量 $Q=(1/2^n)FS$（FS 是输入电压的满刻度值），n 是转换器的位数，例如，10 位转换器的分辨率为满刻度值的 $1/1\,024(2^{10}=1\,024)$ 或 1‰，由于分辨率与转换器的位数 n 有固定关系，一般也就简单地以位数来表示转换器的分辨率，n 位数越多，分辨率越高。

②转换时间。对于 A/D 转换器来说，由启动转换命令开始时刻到转换结束信号有效时刻的时间间隔为转换时间，转换时间的倒数称为转换速率。例如，一个 15 位的逐次逼近式 ADC，有 20 μs 初始建立时间和每位 2 μs 的转换时间，于是芯片的总的转换时间是 50 μs。ADC 芯片按速度分为以下几个档次，一般约定：转换时间高于 1 ms 的为低速，1 ms～1 μs 的为中速，低于 1 μs 的为高速，小于 1 ns 为超高速。

常用的 ADC 芯片如 AD574A，是 12 位逐次逼近式 ADC，转换时间为 35 μs，芯片内有数据输出寄存器，并有三态输出控制逻辑，模拟量输入电压单极性电压 0～10 V 或 0～20 V，双极性电压 −5～5 V 或 −10～10 V。

在选用 ADC 芯片时要根据转换速度及精度要求以及被测电压的范围大小，选择相应参数性能的 ADC 芯片。

2) D/A 转换器

D/A 转换器是接收数字信息，输出一个与数字值成比例的电流、电压或电阻信号，由于它接收保持转换的是数字信息，不存在随温度、时间的漂移问题，因而比输入模拟信号的电路抗干扰性能好。

DAC 芯片的性能参数按分辨率可分成 6 位、8 位、10 位、12 位、14 位、16 位等的 D/A 转换器；选择芯片时除应考虑分辨率外，还应注意建立时间（可稳定时间）、线性度、输入代码的类型、输出电流（或电压、电阻）的范围和极性等性能指标。

（5）常用总线类型

总线是一组信号线的结合，是一种传送规定信息的公共通道，有时亦称数据公路，通过它可以把各种数据和命令传送到各自要去的地方。在何时、何地、干什么事，分别由控制总线、地址总线、数据总线来完成。

数据总线上传送的是信息，用于在 CPU 和所有外设、存储器间传送指令和数据，可以向不同方向传输，数据的走向是由地址总线和控制总线控制的。

地址线是单向的，用地址指定与之通信的外部硬件，每个存储单元有一个地址，每个外围硬件接口也有一个地址，这些地址都连到地址总线上。地址总线常用 10 位、16 位、20 位、24 位、32 位来编址。

控制总线是用来确定数据总线上信息流的时间序列的。当 CPU 要输出一个数据时，它要告诉外围硬件数据总线上的信息何时是有效的。当 CPU 要输入信息时，控制总线要使外部硬件告诉 CPU 数据业已有效。协调存储器 I/O、中断、DMA 及 CPU 的操作。

底板总线结构。在 S—100 总线之后，微机出现了一系列的总线，采用开放式体系结构和总线系统的计算机，也采用底板总线结构，把计算机的典型功能部分做成不同的模板或专用的扩展板插卡，挂在系统总线上。便于用户开发集成计算机应用系统。

1) ISA (Industry Standard Architecture) 总线，即标准工业总线，也称 AT 总线，在早期的 IBM PC/XT 计算机中采用，此总线的数据通路为 8 位（短插槽）；1984 年在 AT 机上扩展为 16 位的数据宽度，总线时钟 8 M，最大可寻址空间达 16M，在低档计算机中广泛使用 ISA 总线。

2) MCA (Micro Channel Architecture) 总线，也称为微通道总线，是 IBM 公司于 1987 年在 PS/2 微机上推出的总线，数据宽度 32 位，总线时钟 10 MHz，最高传输速率 20 MB/s，寻址空间达 4 GB。MCA 总线与 ISA 总线不兼容，不支持 ISA 外设。

3) EISA (Extended Industry Standard Architecture) 总线，即扩展的标准工业总线，是 1988 年推出的与 MCA 总线相竞争的一种新的结构总线，它既保持了与 ISA 总线的兼容性，保护了原 AT 机用户的利益，同时又具有 MCA 总线的先进性。时钟频率为 8 MHz，与 ISA 一致，总线最高传输速率为 33 MB/s，地址线 32 位，最大寻址空间达 4 GB。EISA 作为 ISA 总线的完全兼容扩展总线，其插槽设计得十分精巧，既可以插 EISA 的扩展卡，又可以插旧的 ISA 的扩展卡，所以在 ISA 总线下开发的各种扩展卡在 EISA 总线上都可以使用。

4) VL 总线 (VESA LOCAL BUS) 局部总线。EISA 总线由于历史和技术上的原因，总线时钟与 ISA 一样为 8 MHz，虽然数据宽度为 32 位，但传输速率不是很高，而且成本高，因此没有太流行。随后 EIAS 总线又演变成了 VESA LOCAL 和 PCI 总线。

VL 总线是一种低成本高性能的设计，它只是在原来 ISA 总线的基础上作一些改动，进行部分优化，加一段扩展槽（VL 专用）就可以满足高速传输的要求，所以称为局部总线。在主机板上一般只有 2~3 个 ISA 总线扩展插槽具有 VL 功能，用于连接主要制约计算机整体速度的控制卡（显示卡和多功能卡）。目前家用计算机中的多数均采用 VL 总线。

5）PCI 总线（Perpheral Component Interconnect）。PCI 总线是 Intel 公司提出的一种最新的总线标准，为 32/64 位总线，传输速率可达 132 MB/s。PCI 总线使用方便，但造价较高，是今后发展的方向。目前一般用在高档计算机中。

如何灵活应用接口技术中的基础知识，请参阅计算机在分析仪器中的应用实例。

三、计算机在分析仪器中的应用实例

WDP—500D 型自动扫描光栅单色仪（北京瑞利分析仪器公司生产）计算机系统设计简介。

1. 平面光栅单色仪工作原理

仪器光学系统为李特洛式光学系统，该系统结构简单、尺寸小、像差小、分辨率高、光栅更换方便，其光学系统如图 7—5 所示：

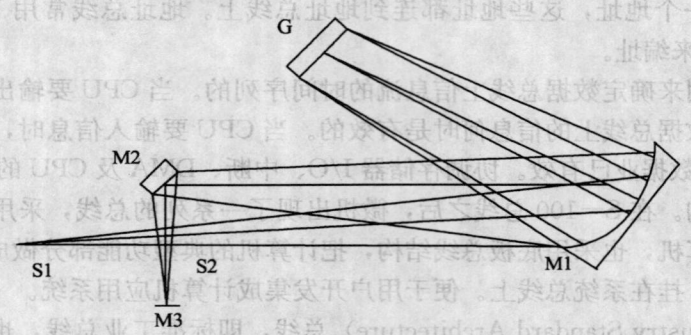

图 7—5 李特洛式光学系统框图
S1—入射狭缝 S2—出射狭缝 M1—离轴抛物镜 G—光栅 M2—反光镜 M3—光电接收器件

光源或照明系统发出的光束均匀地照亮入射狭缝 S1 上，S1 位于离轴抛物镜 M1 的焦面上，光经过 M1 平行照射到光栅上，经过光栅衍射回到 M1，经过 M2 会聚到 S2 出射狭缝上，最后到光电接收元件 M3 上。由于光栅的分光作用，从出射狭缝出来的光线为单色光，当光栅转动时，从出射狭缝出来的光由短波到长波依次出现，实现了将复合光变成单色光的分光作用，光的强弱经光电接收器件变为电流信号的大小，用电流计可指示其测量结果。

最初的光栅转动用手动鼓轮经减速齿轮传动使光栅台转动，同时带动波长指示的字轮转动，指示波长的位置。手动鼓轮控制波长扫描，速度慢，精度低，波长精确定位差。不能用于高精度的场合。

2. 自动扫描计算机系统的总体设计

平面光栅单色仪的核心部件是自动扫描机构，选用步进电动机驱动替代手动鼓轮转动光栅扫描，步进电动机的转动步数与光栅台的转动角度成比例，光栅台的不同角度对应出射狭缝上的不同波长的单色光输出，故控制步进电动机的转动步数就能得到相应的单色光波长定位。

单色光信号属微弱信号检测，选用光电倍增管作为传感器，使光信号变为电信号，经放大及 A/D 变换送计算机处理。

该系统设计的技术难点在于：精细扫描的重现性及波长定位的准确性；微弱光电流信号检测的精密度和动态范围；通用性强的软件设计。

在实际应用中必须考虑仪器初始化的精确定位、光栅台转动限位报警、扫描传动系统的空回、步进电动机的丢步、空转；光信号的波动、微弱光电流信号的干扰等因素。在系统设计时均应考虑对策。

单色仪是一种应用面广的普及性仪器，要充分考虑仪器的性能价格比；在软件设计方面，要考虑通用性强，功能丰富的特点；为此选用通用的个人 PC 计算机，在其母板的扩展槽内加插本仪器的专用扩展板插卡，组成单色仪测量控制系统。其框图如图 7—6 所示。

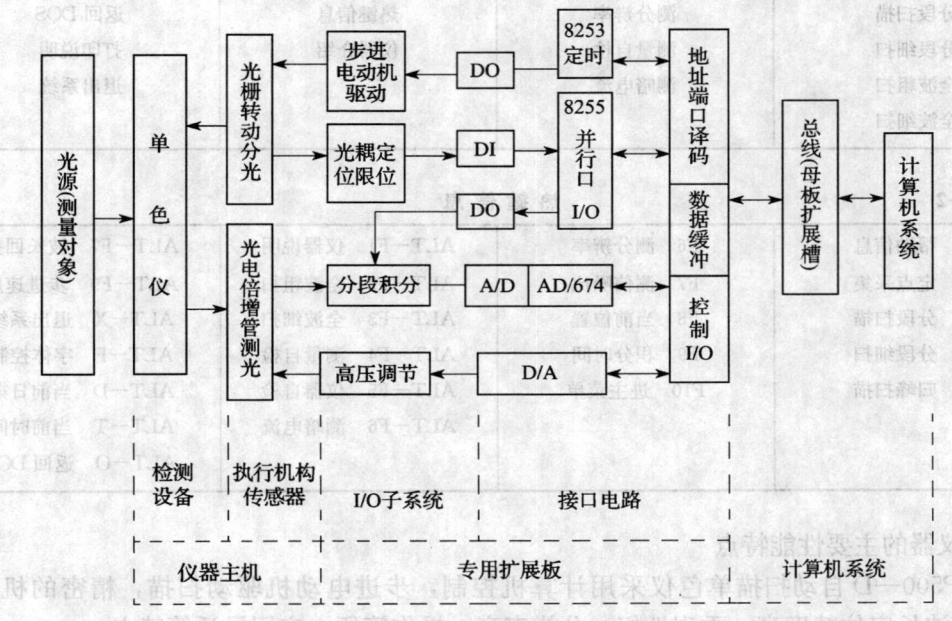

图 7—6 单色仪测量控制系统框图

端口编址系用 I/O 映射方式，选取系统予留给用户的编口地址空间区，安排编口地址，谨防地址冲突。I/O 控制采用轮询法，以简化硬件设计。其总线是根据所选的通用计算机采用的标准工业总线 ISA 来设计的。

该系统的检测设备是单色仪，传感器是光电倍增管实现光电转换。信号预处理是一个十分重要的环节，对于微弱的光电流信号，既有波动性，又易受干扰，故采用滤波及光电流分段积分的方法，既抑制了干扰，又扩大了动态测量范围。A/D 转换器选用 12 位的 AD1674，转换时间 10 μs，满足其精度及数据采集速度的要求。光栅转动由步进电动机控制，选用四相步进电动机，没有采用环行分配器电路对步进电动机控制，而是用可编程并行接口芯片 8255 输出端口 DO 来直接控制，简便而定位准确。光栅转动的起始及限位报警系开关量 DI 输入信号，采用光电耦合隔离送至 8255 的输入端口检测。对供光电倍增管的负高压模块的调节控制选用 8 位的 D/A 转换器，由 8255 的输出端口控制。另外，分段积分也由 8255 的输出端口来控制。本系统又专门设置了8255时钟电路，协调本系统有序地独立工作。

3. 软件设计

在软件设计时，根据仪器的用途及用户的需求为出发点。人机界面要友好，功能要丰富，通用性强，考虑用户的二次开发，为用户提供通用数据库及数据库的动态链接，其该仪器的软件功能模块的菜单功能见表7—1。直接使用热键可以简化操作，其热键信息见表7—2。

表7—1　　　　　　　　　　　　菜单功能

光谱分析	仪器检测	帮助信息	辅助功能
定点采集	波长回扫	当前时间	打印报表
归峰扫描	测信噪比	当前日期	字体控制
分段扫描	测分辨率	热键信息	返回DOS
分段细扫	测量自检	仪器介绍	打印说明
全波粗扫	测暗电流		退出系统
全波细扫			

表7—2　　　　　　　　　　　　热键信息

F1	帮助信息	F6	测分辨率	ALT-F1	仪器说明	ALT-F7	波长回扫
F2	定点采集	F7	测信噪比	ALT-F2	全波粗扫	ALT-F9	步进速度
F3	分段扫描	F8	当前位置	ALT-F3	全波细扫	ALT-X	退出系统
F4	分段细扫	F9	积分时间	ALT-F4	测量自检	ALT-F	字体控制
F5	归峰扫描	F10	进主菜单	ALT-F5	仪器自检	ALT-D	当前日期
				ALT-F6	测暗电流	ALT-T	当前时间
						ALT-O	返回DOS

4. 仪器的主要性能特点

WDP500—D自动扫描单色仪采用计算机控制，步进电动机驱动扫描，精密的机械调节，具有波长定位精度高、重现性好、分辨率高、操作简便、应用灵活等特点。

计算机选用IBM286~IBM586兼容机系列，菜单式组合软件操作，便于普及推广，针对光谱信号弱，波动性大的特点，采用分段积分法对光电流信号采集处理，具有抗干扰性能强，动态范围宽、精密度高等优点。该仪器具有连续可变的扫描速度（50~0.005 nm/min，可更低），可任意设置的扫描区间及可变的采样点间隔（0.002 5~0.05 nm，可更大），具有全波粗扫、全波细扫、分段扫描及精细扫描等多种功能，具有波长峰值自动扫描，归峰扫描，波长准确定位功能（波长扫描定位精度可达0.002 5nm）。采用分段积分，积分时间可变（0.004~3 s，可更长），动态范围达五个数量级以上，具有光谱数据实时采集处理，波形显示，存储，打印，波长动态显示，波长定位记忆等功能。

本仪器可选配多块光栅，将200 nm~25 μm（紫外、可见、红外）范围内的复合光分解为单色光，可用作单色光源、单色器、光源的光谱分析，光接收器件的灵敏度特性测量等。尤其适用于教学、科研、生产单位及测试分析中心的发射、吸收光谱的精细化学分析。

第三节 计算机集成制造系统（CIMS）

一、CIMS 概述

CIMS（Computer Integrated Manufacturing System）计算机集成制造系统是一种面向企业，高度智能化、科学化实现企业生产及管理全过程的系统。它包含生产规划、产品设计、产品制造、经营管理等功能。CIMS 的形成集中体现在保证生产经营全过程一体化的高度集成上，CIMS 系统如何划分与集成是 CIMS 开发的关键问题；CIMS 的庞大性与综合性使得 CIMS 网络出现成为必然，CIMS 网络是一种面向制造企业、支持 CIMS 目标、企业专用的计算机局部网络系统。

CIM 是指在所有与生产有关的企业部门中集成地采用电子数据处理。CIM 包括了在生产计划与控制（PPC）、计算机辅助设计（CAD）、计算机辅助工艺规划（CAPP）、计算机辅助制造（CAM）、计算机辅助质量管理（CAQ）之间信息技术上的协同工作，其中为生产产品所必需的各种技术功能和管理功能应实现集成。

CIMS 是基于 CIM 原理而组成的系统。CIMS 的技术构成主要包括六类：总体技术、支撑环境技术、设计自动化技术、加工生产自动化技术、经营管理与决策系统技术和生产过程控制技术。

CIMS 是未来工厂自动化的一种模式，它把以往企业内部相互的分离技术（如 CAD、CAM、FMC、MRPII 等）和人员（各部门、各级别）通过计算机有机地综合起来，使企业内部各种活动高速度、有节奏、灵活和相互协调地进行，以提高企业对多变竞争环境的适应能力，使企业经济效益取得持续稳步的发展。

作为提高企业综合竞争力的有效途径，CIMS 在许多国家受到高度重视，并在制造业中得到了迅速发展。市场 CIM 相关的硬软件产品迅速增长，美国和日本及西欧各国纷纷制定了 CIM 发展战略。

CIMS 集成平台的研究与开发已取得实质性进展，覆盖 CIMS 整个生命周期，支持异构和分布环境、适用性强和开放性好的 CIMS 开发与应用集成平台将会问世。

流程工业 CIMS 的研究将有较大突破，其体系结构、建模方法、系统构成和解决方案将进一步理论化和系统化。在理论发展和实际需求的推动下，流程工业 CIMS 的应用实例将会显著增加，而其综合效益也将被业界所认同。

在国内从 1986 年国家 863 计划设立 CIMS 主题开始，已在机械、电子、航空、航天、轻工、纺织、石油、化工、冶金等主要制造行业中的 100 余家企业中实施了 CIMS 工程，有 60 余家企业的 CIMS 通过了验收，取得了显著的经济效益和社会效益。

杭州三联电子有限公司实施 CIMS 工程后，印制板开发周期由 20 天缩短为 2~3 天，模具制造周期由 18 天缩短为 5 天，整机开发周期缩短了 18 天。

北京第一机床厂的 CIMS 系统投用后，超重数控龙门铣的生产周期由 36 个月缩短为 18 个月，新产品的开发能力有了大幅度提高。

二、CIMS 网络的特点

CIMS 网络是一个在企业内部运行的计算机网络，是一个多层次的体系结构。它应同时满足工程控制和企业管理，各类计算机设备互联通信的要求。目前尚没有一种通用的工业局部网络产品能满足上述要求。因此，CIMS 往往是一个由若干应用服务类型不同的局部子网互联构成的计算机网络。在各个层次上信息交换的类型和要求各异，相应的层次上的通信联网模式和选用的通信和局域技术也不相同。在建立 CIMS 网络时，不仅要考虑应用服务类型，而且还要考虑层次的不同，选用合适的通信和局域网技术来实现它们之间的互联。即使在同一应用服务类型，同一系统结构层次上，CIMS 网络的组建往往面临解决多个生产供应商的通信和联网产品的互联问题。CIMS 网络的异构子网的互联，是 CIMS 网络的重要特征和建网中的关键技术之一。

三、CIMS 网络子网的构成分析

CIMS 子网的构成分析见表 7—3，各部层次上的子网相互有机地互联而构成整个网络，因此各组成子网的选择设计是 CIMS 网络的重要基础。

表 7—3　　　　　　　　　　CIMS 子网的构成分析

子网系统层名称	所处位置	主管人员	通信特点	设备类型
生产/制造系统	设备层	生产人员	规律性，实时响应，可靠性高，生产现场环境	工业控制计算机，可编程控制器
工程技术系统	工厂层	技术人员	随机性，高完整度，办公室环境	微型工作站，小型机
联机处理系统	车间层，工厂层	事务人员	规律性，大信息量，同步性	微型工作站，小型机
监控管理系统	工厂层	管理人员	随机性，信息完整性，大信息量，办公室环境	终端，主机

1. 生产/制造系统

生产/制造系统面向生产设备，包括数控机床、工业机器人、CAM、CAT、CAQ 等。一般选用协议简单、响应迅速、可靠性高的主从式通信方式和技术。

2. 工程技术系统

工程技术系统为产品的生产与制造产生信息，偏重于生产图形数据文件，属办公自动化的通信性质，位于工厂层上，可采用自动化通信和局域网技术。

3. 联机事物处理系统

联机事物处理系统提供事务的综合处理，包括企业一级管理部门，如销售、供应、生产、计划调度、财务成本等。

4. 监控管理系统

监控管理系统兼有控制和管理制造流程的双重作用，它肩负制造/生产车间之间工业控制局域网的作用，将工厂各车间底层设备子网链接到工厂层子网。

四、CIMS 网络主网的构成分析

主网处在整个网络的中间层，汇集了企业各个管理系统，技术、生产/制造各个子系统之间往来交换的信息，为了便于链接各个子网和子网中的主机系统，主网必须是通用性和标准化很强的网络，可选用国际公认的适合制造业的标准，如 MAP/OSI、TCP/IP、DEC 网络，IBM 的 SNA 网络等。主网有传送声音和可视化图像的需求，在某个瞬间内可能通信负荷集中，因此尽量选用大容量、高速度可承担高负荷的网络技术。

五、CIMS 网络设计方法分析

为减少在建网过程中的盲目性、片面性，避免不必要的设计和实施中的反复以及人力、物力、时间的浪费，CIMS 网络的开发必须遵循一套系统化的设计和实施方法。建网流程如图 7—7 所示。

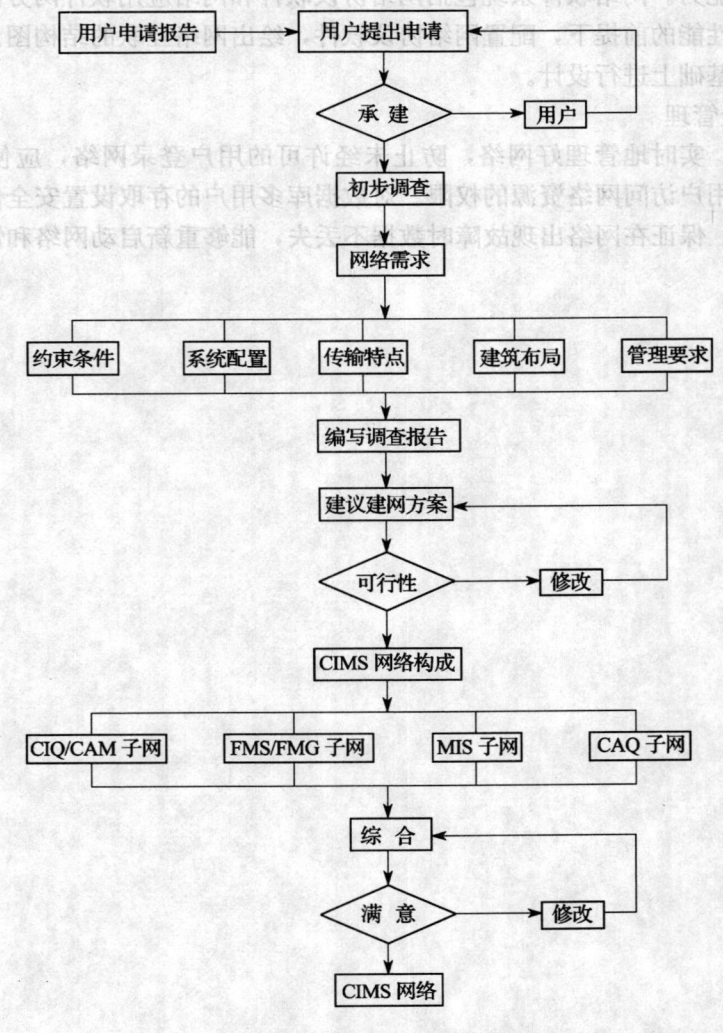

图 7—7 CIMS 网络建网流程

1. 计划建网

根据企业建立 CIMS 的总目标,确立建网目标并进行可行性论证。

2. 制定建网方案

根据拟建网的目的要求和约束条件,充分调查企业现有的及预联入网的计算机设备状况,进行用户需求分析,写出需求分析报告,这是顺利建网的基础。再按 CIMS 的子系统建立相应子网方案,将子网综合成为全网方案并写出建网设计说明书。

3. 网络硬件设计

根据入网计算机的分布和安装地点,确定入网计算机的位置,确定入网计算机的布线距离,传输介质,网络辅助部件的类型和数量,并绘成网络全图。

4. 网络软件设计

为了实现系统总目标,可以考虑将目标任务动态分解为若干子目标,子目标任务可动态分解为若干子任务。这样的设计方法可实现若干子任务的并发执行,充分显示网络处理问题应对突发事件的能力。网络软件系统包括网络协议软件和网络应用软件两方面。在满足网络功能需求及互联性能的前提下,配置网络协议软件,绘出网络互联的结构图。网络应用软件可在划分子网的基础上进行设计。

5. 网络安全管理

为了更有效、实时地管理好网络,防止未经许可的用户登录网络,应使用用户注册和 password,限制用户访问网络资源的权限。对数据库多用户的存取设置安全保护,应有一定的安全保护措施,保证在网络出现故障时数据不丢失,能够重新启动网络和恢复网络正常运行。

· 84 ·

第八章 推动技术进步

第一节 开展技术改造与技术革新

新技术革命的浪潮将人类推入信息时代，新兴的微电子技术将成为这场革命的主角，以微电子技术为基础，作为信息时代的计算机技术，其应用领域更加广泛，现代科学仪器技术也获得了前所未有的高速发展，应用前沿技术，对传统的仪器仪表产业进行技术改造与革新，尽早使分析仪器科技和产业发展达到世界先进水平。

一、仪器仪表发展的前沿技术

近年来，新颖高效分析测试技术不断涌现，其中有些是在成熟技术基础上采用新科技成果更新提高的，也有不少则是建立在全新基础上脱颖而出的，其特点是具有前所未有的更好性能、更高分析测试效率、更便于应用、更适合当今科技和产业发展新要求，甚至推动了它们的全新发展。

1. 纳米技术

纳米技术是研究纳米尺度的物质特性的科学技术。纳米尺寸为 $0.1~\mu m \sim 0.1~nm$，通过在纳米尺度内直接操作和安排原子、分子和团簇来创造新物质，并按需要而组装功能元件，其性能更新颖、结构更复杂。

纳米技术的应用十分广泛，科学家对纳米材料的研究发现，纳米晶体（量子点）有许多独特的电子光学性质，并在光电子器件方面得到了成功的应用，各种纳米尺度的传感器也有相当成熟的技术。

2. 微分析技术

微分析技术是指分析手段及分析仪器的微型化。随着计算机技术、半导体激光技术、微加工技术、纳米技术、光导纤维技术、生物芯片技术、微电极技术、微流控技术的飞速发展，和社会对现场、在线、过程以至原位和活体分析技术的要求越来越迫切，科学仪器特别是分析仪器正向大众化和日用品化的方向发展。与其相适应，科学仪器的微型化就成为了不可阻挡的历史潮流。手持式侦毒仪、电子鼻、电子舌、微流控分析系统等相继研究成功并获得迅速发展。许多过去只能在正规实验室中，用大型精密仪器、由专门技术人员才能完成的测量，如今已可能在现场、用小型便携式仪器或手持式仪器、由普通人进行了。微分析仪器正在逐渐成为分析仪器发展的一个主导方向。

3. 生物芯片和芯片实验室技术

在计算机芯片技术的启示和技术支持下，20世纪90年代出现的生物芯片技术和芯片实验室已成为目前备受重视的新颖分析测试方法。

微型芯片型分析检测技术和仪器的出现，不但大大提高分离分析速度，显著降低试剂用量，降低分析成本；而且预示了大量的新颖分离分析仪器的涌现。不但为生物、医学、制药、军事等领域开辟全新的分离分析技术，而且也为21世纪分析仪器的发展开拓了新的途径。

4. 现场分析检测技术和在线分析仪器

现场分析检测技术和仪器的技术要求是：对试样预处理要求低，甚至无需处理就可在现场对样品（或工艺流程物流）进行实时、在线检测；对试样的物理形态（气、液、固态或凝胶、粉末、活体生物组织等）或化学构成（单组分、多组分、反应过程中等）有很好的适用性；对环境条件（高温、高压、高腐蚀性、多尘、粘滞、电磁干扰严重等）适应性好，可实现精确分析检测或长期自动监测；有足够的检测精度和分辨率、选择性，满足实时或在线复杂试样检测要求；能快速获得分析检测数据，可实现数据传输、交换，便于实现实时测控；希望能完成多路、多组分同时检测，提高分析效率；仪器系统有分散或集中控制网络功能，利用计算机联网能力，可实现现代化远距离监控；对特殊场合提出的遥控、遥测要求，能满足灵敏、可靠、自动化程度高、信息传输快速、正确等要求。从技术经济和市场角度，现场分析仪器要小巧、轻便、可使用电池工作、牢固、防护性好以及价廉物美、市场竞争能力强等要求。

现场分析检测技术现有很多可利用的科技成果，尤其是国产的微型器件有很大选择空间，如小型高效率半导体激光器、半导体二极管泵浦固体激光器、高强度发光二极管等小型高效光源，各种光纤微型化学和生化传感器，高密度低散射全息光栅，声光调谐晶体器件，传光或传感光纤，微透镜及其阵列，各种工业电化学电极，色谱柱，色谱检测器，微型泵和阀门器件，高集成度微电子器件，小尺寸高分辨光电固态检测器（如CCD等），小尺寸高分辨率液晶显示屏等，都已有国产的商品供应，一些特殊或更高性能的国外产品也能方便地选购，世界市场上不断推出商品化的现场分析仪器。应用新技术新产品，不断进行工艺装备的改进，研制开发我国的现代分析仪器，需要我们做更多的工作。

5. 专用软件技术

随着电子与信息技术的飞速发展，微电子与信息技术的应用在很大程度上决定了一项产业技术的水平和产品的技术附加值，对于科学仪器这一高技术的集成更是如此，因此只有充分应用微电子技术与计算机技术、网络技术、人工智能技术、模式识别技术和化学计量学技术等现代信息技术，建立解决仪器研制、开发、生产的一般性问题和重要分析技术应用的关键性问题的信息系统，通过科学仪器网络化和虚拟化，实现虚拟仪器共享和远程服务，才能最大限度实现分析信息系统的资源共享，提高我国分析仪器的技术水平，降低仪器开发及应用的技术难度，加速相关分析仪器的产业化进程。

因此，有必要开展通用型科学仪器软件开发平台、重要科学仪器分析技术应用信息平台的研究，研究和解决科学仪器计算机应用的共性问题。提供实用可靠、扩展性强的通用仪器开发平台软件，提供仪器测控数据系统和分析技术信息系统，建立一套通用的模块化的接口部件及仪器通用单元。

二、应用先进技术，不断进行工艺装备的改进

先进技术的应用，其相应的工艺装备必须配套完善，对于应用计算机系统测控的仪器仪

表，除了发挥计算机软件自诊断功能外，对于其核心的测量控制部件即专用的微机扩展板，如何检验该板质量是否合格，最简便的办法就是设计一个专用的扩展板测试工装，来检测该板各测量控制接口电路是否能正常工作，该测试工装要使用简便、故障定位准确、直观性强、线路简捷，扩展板测试工装原理方框图如图8—1所示。

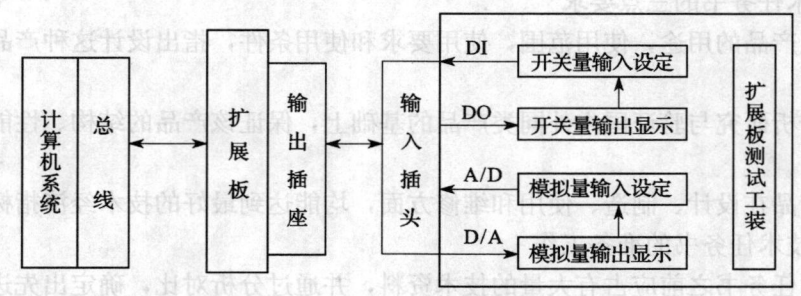

图8—1　扩展板测试工装原理方框图

仪器仪表的测量控制对象可归结为对四种信号的检测。开关量的信号输入检测，计算机将检测值与已知的设定值比较，若两者相等，说明该输入端口工作正常，若不相等，进一步判断是哪一位出错，则可使故障准确定位。对开关量输出检测，可在测试工装上用发光二极管显示其输出位状态，与计算机的输出设定来比较，可直观看出检测结果。对于模拟量输入，可设定标准的电压检测信号，经扩展板 A/D 转换测出其模拟量输入值，与标准值比较，则可判定其正常否。对模拟量输出的检测，可在测试工装板上加装1个3位半的数字电压显示模块，监视其输出电压与设定的输出值是否相同，若将其输出值作为输入测试设定值，则计算机可往复循环对各位进行自动检测，而显示器又可供人工监视，确保检测无误。该工装板的输入插头与扩展板的输出插座要匹配，并可借用扩展板的5V电源供电。这样，一个简便适用的扩展板质量控制的新工艺装备就可供生产使用了。

计算机辅助设计CAD技术已逐渐在各企业普及，CAD的目的是实现整个设计过程的智能化支持。计算机辅助设计的工艺过程设计系统，可最大限度地利用现有设备，设计最佳的工艺流程，比如 PCAutoCAD 是一个基于 AutoCAD 的数控编程系统，含有点位、铣、线切割、冲、车、火焰、激光、仿真、通用后处理等模块；又如 THCAPP 是一个通用计算机辅助工艺过程设计系统。针对本企业的现有设备，选用相应的软件包开发就可不断进行工艺装备的改进。

第二节　参与新产品设计及工艺验证

新产品开发研制的程序是：编制技术任务书，技术设计，工作图设计，工艺文件编制四个阶段；有的产品又分为样试及批试两个进程，在批试过程中，主要是对工艺进行验证改进。

一、技术任务书的编制

通用产品的技术任务书,是由设计师和工艺师根据用户的意见及市场调研编制的。非标准设备(特殊设备或专用设备),必须由用户提出技术任务书。

1. 对技术任务书的三点要求

(1)确定产品的用途,使用范围,使用要求和使用条件,指出设计这种产品的根据及理由。

(2)在分析研究与验证国内外同类产品的基础上,保证该产品的结构、性能达到先进技术水平。

(3)使产品在设计、制造、使用和维修方面,均能达到最好的技术经济指标。

2. 编制技术任务书的准备工作

编制技术任务书之前应占有大量的技术资料,并通过分析对比,确定出先进、合理、完整的结构。其资料来源有:产品样本、说明书、图样、技术报告、图书、期刊以及使用和制造的验证材料等。此外,还可以通过现场调研取得第一手材料。有时用户也能提供一些有用的资料。因为用户最熟悉产品的优缺点,所以,认真听取用户对产品使用性能的意见,设计者可以对现有的同类型产品进行正确的分析、比较和必要的验证,从而获得最佳参数,为编制技术任务书做好准备。

3. 技术任务书的项目组成

(1)产品的用途及使用范围

产品的用途是指主要用途及其他可能的用途,使用范围应说明使用地区、使用部门、工作条件及其他特殊要求等。

(2)制造该产品的理由

制造该产品的理由包括说明以前有无同类产品,如果已有这类产品不能满足哪些要求,存在什么缺点,现在是否继续生产,此外还应说明设计的新产品在国民经济中的作用和重要性,在生产上有无发展前途。

(3)详细分析国内外较好的同类产品的结构特性

分析国内外同类产品结构特性是技术任务书的主要内容,必须说明对这类产品应作哪些分析比较,包括这类产品的结构和部件可能有哪些不同的方案,应采用何种方案,为什么要采用这种方案等。在比较分析时应注意:

1)比较对象必须是类型相同、规格相似的产品,即用途和使用范围相同或相似。

2)应选择先进产品进行比较。

3)对产品结构和性能的优缺点的分析,应从使用制造、维修等方面全面考虑。

4)对比较的数据资料应全面可靠,先从整体比较,再到部件比较。

5)要计算出较重要的技术经济指标,作为分析比较的依据。

经比较分析后,选择和确定产品的结构。

(4)详细说明产品的各种特征性能,并附初步总图

技术任务书应详细说明产品的各种特征性能,并附初步总图,除此之外,还应说明应用了哪些新的科学技术成就和合理化建议,这类产品的发展趋向,使用部门在技术上有何新的发展和要求等。

(5) 结论部分

产品的主要技术规格、特征、外形尺寸、质量、工作原理图，操作控制机构和电气系统图，这是技术任务书的结论部分，它既规定了产品的基本性能，又是技术设计的根据，因此应尽量予以详细说明。这些技术数据一经批准，不得任意更改（在技术设计中可以作必要的校正）。

(6) 图样

技术任务书应有工作原理图、操作控制机构和电气系统图等，绘制原理图、系统图或其他图样，是为了对许多复杂的技术问题给出清楚的概念。

此外，技术任务书中还包括标准系列表和附录。

技术任务书全部内容的标题应列成目录，放于首页位置，以便于查找和阅读。其封面应有单位名称、产品名称、日期、设计师及领导的签字。

二、技术设计书的编制

技术设计阶段的任务是：确定产品结构，技术经济指标和主要零部件，并编制各种必要的技术文件，将这一阶段形成的技术文件合定在一起，称为技术设计书，其内容包括：

1. 封面

技术设计书封面上应写明产品名称、设计单位、设计者姓名和设计日期。

2. 目录

技术设计书目录应将所有文件、图样、表格、资料的名称分类有序地编号排列，便于查阅。

3. 产品总装配图和部件装配图

总装配图和部件装配图包括产品的机械部分，传动部分（如电气、液压、气动、蒸汽、内燃等动力部分）和控制操纵部分，即装配后的产品的全部结构图样。特别是在总装图中，要把构成产品的全部各种零件、部件、标准件、外购件、外协件、配套件等表示出来。产品部件装配图，是表明产品部分成套性的装配图。

4. 零件明细表

零件明细表中应注明零件材料、编号、名称、数量以及是否是标准件。

5. 一览表

技术设计的一览表应包括零件品种总数及总件数，以及专用件、通用件、标准件、外购件的种类及数量，以便于查阅并防止重复或遗漏。

6. 经校订的技术规格

7. 经校订的产品工作原理图解

图解不必太繁，只要能表明工作原理即可。

8. 设计计算书

设计计算书中应包括产品传动功率计算书，产品结构计算书（如传动比、结构强度等）和产品零件计算书（如齿轮、蜗杆、轴、齿条、机身等零件尺寸及强度计算等）。

9. 产品说明书

产品说明书应阐明产品传动原理、产品润滑要求、产品操作程序、产品维修规范和产品安装起重运输技术要求，并应附有产品安装图、基础图、易损件图、电气接线图、液压及气动传动系统图等。

三、新产品设计的评审及鉴定验收

1. 方案评审

(1) 方案评审文件

1) 产品的技术任务书。
2) 产品的技术设计任务书。
3) 总装配图（草图），一般情况下需要提出两种方案供评审选择。

(2) 方案评审内容

1) 满足用户要求的程度，与产品标准（国标、行标）的符合性。
2) 总体结构的合理性、工艺性、可靠性、耐用性、可维修性及安全性与环境保护。
3) 产品在正常使用条件和特定环境条件下的工作能力，误用的自动保护能力及措施。
4) 产品技术水平与同类产品性能对比。
5) 产品总体方案设计的正确性和经济性。
6) 实现标准化组合要求的可能性。
7) 操作方便性、适宜性及外观与造型。
8) 评审结论。

2. 技术设计评审

(1) 技术设计评审文件

评审文件有技术经济分析报告，计算书，总图，主要零、部件图，电路图，光学系统图（均为草图）等。

(2) 技术设计方案评审内容

1) 设计计算的正确性。
2) 主要零、部件结构的继承性、经济性、工艺性、合理性。
3) 特殊外构件、原材料采购供应的可能性；特殊零、部件外协加工的可能性。
4) 设计的工艺性、装配的可行性；主要装配精度的合理性；主要参数的可检查性、可试验性。
5) 故障分析及措施。
6) 产品标准化程度的落实措施。
7) 评审结论。

3. 新产品试样鉴定

(1) 需首先经技术质量部门或计量、医疗主管部门检测

(2) 具备下列鉴定文件

1) 试制总结报告。
2) 技术经济分析报告。
3) 全套设计图样。
4) 技术文件。
5) 产品使用说明书。
6) 研制组样机测试报告。

7) 技术质量部门的检测报告及例行试验报告。
8) 标准化审查报告。
9) 有关计量仪器、医疗仪器行业主管部门的检测报告。
10) 用户使用报告。

上述全部文件完成以后，填写"鉴定申请书"，经批准后，由有关部门组织鉴定。

4. 新产品批试鉴定

(1) 从批试样品中随机抽出两台或两台以上产品（大型仪器除外）供批试鉴定
(2) 具备批量生产需要的工艺装备、工艺设备、专用设备和测试设备
(3) 具备下列鉴定文件
1) 批试总结报告。
2) 技术经济分析报告。
3) 全套设计图样。
4) 技术文件。
5) 产品使用说明书。
6) 研制组样机测试报告。
7) 技术质量部门的检测报告及例行试验报告。
8) 标准化审查报告。
9) 质量分析报告。
10) 成本分析报告。
11) 样机遗留问题解决情况报告。
12) 工艺、工装验证报告。
13) 用户使用报告。

上述全部文件完成以后，填写"鉴定申请书"，经批准后，由有关部门组织鉴定。

5. 全套设计图样及技术文件

全套设计图样及技术文件一般包括以下部分。

机械设计。机械设计包括图样目录、部件汇总表、零件汇总表、借用件汇总表、通用件汇总表、铸件汇总表、外购件汇总表、关键件汇总表、标准件汇总表、光学件汇总表、总装配图、部件装配图、光学系统图、零件图。

电气设计。电气设计包括电气原理方框图、电路图、印制电路板装配图、接线图、线扎线缆图。

软件设计。软件设计包括软件编制说明、软件方框图（流程图）、源程序软盘；用户软盘；使用说明书。

工艺设计。工艺设计包括工艺方案、工艺文件目录、工艺文件汇总表、机加工工艺卡片、装调电气工艺卡片、材料消耗工艺定额、单位消耗工艺定额、光学加工工艺卡片、光学材料定额、关键过程作业指导书、特殊过程作业指导书、关键过程明细表、特殊过程明细表。

包装图、包装技术条件、装箱单。

产品企业标准；产品质量特性重要性分级表；关键物资进货检验实验明细表。

四、调试软件的应用

利用计算机能进行综合分析和实时控制的优点,常常选用计算机对于仪器仪表的性能进行调试。

对于仪器仪表性能的调试,主要考虑对组成仪器仪表的单元电路及有关印制电路板功能的测试。涉及组成单元电路及元器件、组件、接线等的故障诊断和定位。

对于批量生产的印制电路板,应设计专用的测试工装及调试软件,专用测试工装实际上就是连接计算机与被测印制板单元电路的接口电路板,根据不同功能的单元电路组件,设定检测定位点及检测信号,编制故障定位诊断程序,设定相应组件的选址编码,控制数字信号及数据采集信号的输入输出,还需要设计被测信号相应的标准信号的比较或显示电路,对测量结果进行比对和显示。

调试软件的任务是通过专用的接口电路与被测的单元电路交换信息,这些信息主要是通过计算机对被测电路的数字信号和模拟量信号进行控制及采集处理,与标准的信号进行比对,判断是否正常,提示故障点位置及建议排除故障办法等。在人机交互方面,通常选用菜单式操作,屏幕显示或打印结果,形成一个完整的调试软件。

第三节 仪器仪表设计的新思路

传统仪器仪表的设计基于传统的光学、化学、物理学、电子学设计方法的基础上,近年的智能化发展则是基于计算机硬件和软件设计基础上的。新材料、新技术及各学科的交叉发展,已经出现了许多不同于传统的新设计思想和新设计方法,为分析仪器现代化发展提供了巨大的推动力。

一、模块化仪器设计

模块化仪器就是对仪器的核心光、机、电部件,计算机硬件和应用软件的设计,形成系列化的不同功能及性能的模块化组件。根据用户需求,用适当的模块组件,组合出满足要求又适用的价廉仪器。

所谓设计模块化,就是将科学性、通用性、互换性和完整性贯穿于仪器设计全过程中的每一个步骤、每一个单元,将每一个部件都作为具有某一完整功能的独立产品进行设计,具此特征的部件即称之为模块。设计的模块化,不仅能提高仪器的可靠性、降低成本,更具备了维修方便、便于仪器功能扩展和升级改造等特点。

将模块化设计思想贯穿于项目各课题的研究中,实现通用部件的互换和整体技术的全面提高。实现模块化的最大难题就是各模块之间的技术协议的制定,只要具备了统一标准和设计思想,才能真正实现设计的模块化。

近年来,仪器的模块化设计思想被各厂商广泛采用,尤其是大型高精密仪器的发展工作中,设计生产了满足用户需求的仪器,这些仪器还为用户提供了扩展功能,为升级换代提供条件。

在模块化设计过程中，要采用新技术、新工艺，注重仪器的先进性及仪器的标准化、通用化。

二、应用虚拟仪器概念

虚拟仪器是指利用现有的计算机，加上可灵活选配的硬件接口模块和专门的虚拟仪器应用软件，构成虚拟仪器（即虚拟仪器＝硬件接口模块＋计算机＋虚拟仪器软件）。它既具有传统仪器的基本功能，又能由用户根据自己的需求变化，随时定义新的功能，实现多种多样的应用要求。

虚拟仪器概念是1986年由美国国家仪器公司提出的，通过应用程序将通用计算机与功能化的通用模块硬件结合起来。用户可以通过友好的图形界面来操作这台计算机，就像在操作自己定义、自己设计的一台单个仪器一样，从而完成对被测对象的采集、分析、判断、显示、数据存储等功能，LabVIEW是目前应用最广泛的虚拟仪器软件。

电子测量仪器新发展中出现的虚拟仪器概念，已经逐步被更多领域所接受，对实现"柔性"分析检测系统，具有明显的推动作用。

虚拟仪器不但灵活可变、功能强大，而且使用方便，便于技术升级换代，价格低廉，其仪器系统的使用、维护费用也极低。预计未来的几年内，我国将有50％的仪器为虚拟仪器。

虚拟仪器程序包括三个部分：前面板、框图程序、图标/接线端口。前面板用于模拟真实仪器的前面板；框图程序则是利用图形语言对前面板上的控制对象（分为控制量和指示量两种）进行控制；图表/接线端口则用于把LabVIEW程序定义成一个子程序，实现模块化编程。利用LabVIEW的5.1最新版本强大的技术，还可通过网络来构建虚拟实验室。

三、信息网络化的仪器设计

以信息技术网络化思想设计分析仪器，要跳出单个独立仪器自成系统的思想，将构成分析仪器（或系统）的传感、数据采集、数据处理、传输、仪器控制各功能通过计算机在网上（可以是局域网）实施，仪器离开网络不能工作。仪器不是独立单元，也不需要光、机、电、算俱全的完整结构。建立在网络化思想设计的仪器，不但可以方便地实现模块化设计制造，而且也易于实现虚拟化。依靠多种多样功能强大的通用或专用软件完成更强功能、更高效率、可以变化的种种分析测试任务。对用户来说，网络化仪器不再是一大堆各自独立、分别工作、给出一大堆无法传递交换的信息；离开大量的人工管理就得不到实时、有效检测控制效果的仪器集群；而是有机、有序分布在网络各端、平行分布工作的完整系统，既可在小范围内（本实验室、本企业内），也可远距离（异地、全球）联网工作。

一种新的概念认为，信息技术＝测量技术×计算机技术×通信技术，基于信息网络思想设计开发仪器是必然的发展趋势。

四、小型化、固态化的仪器设计

在环保、野外、现场监测、生物医学、军事、星载分析检测等应用场合，急需分析仪器小型化、质量轻、牢固耐振固态化。

从制造工艺来讲，是将微电子技术移植到分析仪器的设计、开发，生产出尺寸微小，可脱离传统实验室工作的完全新颖的分析仪器；从分析对象来讲，是设计开发出只需微量

(nl－pl)样品，就可完成准确分析检测的要求，或可插入单个细胞或可对基因进行分析检测的分析仪器。现代科技发展迫切需要这两种含义的微小型分析仪器。

完全从小型化、微型化设计思想出发，探索全新分析检测机理，采用全新技术（例如纳米技术）设计开发出完全新颖的仪器，是追求的目标。

五、专用化仪器仪表的开发

通用型仪器往往设计成在一定的范围内适应多种分析检测目的，甚至配套了大量附件拓宽其应用范围，力求"大而全"。有些用户只需要具有单一功能的专用型仪器，这就造成生产与需求不相适应的问题。在大工业生产流程中，在科技农业、环境生态监测、生物医疗分析诊断、家庭个人安全保健分析以及现代战争前后防毒剂分析等应用领域，都要求开发适应某个具体检测目的的专用型仪器，并随之而带来仪器结构简单、轻巧耐用、适应工作环境又准确可靠、使用寿命长、价格适宜等要求和特点。

以最先进合理的原理、结构、器件、软件设计，开发出最贴近用户需求的分析仪器。

第四节 仪器仪表的发展趋势

仪器仪表是信息的源头技术，仪器仪表又是国家高科技发展水平的标志。

一、发展新的检测原理和新的检测仪器

科学研究的尺度深入到介观（介于宏观与微观）和微观，要求不仅能确定分析对象中的元素基因和含量，而且能回答原子的状态、分子结构和聚集态、固体结晶形态、短寿命反应中间物的状态和生命化学物理进程中的激发态。不但能提供空间分析的数据，而且可作表面、内层和微观分析，进行三维立体扫描分析，提供时间分辨数据。因此高分辨率、高选择性、高灵敏度的活体动态研究技术、原位技术、非接触（无损）测定技术等成为发展趋势，超快时间分辨和超空间分辨技术成为仪器仪表发展的新追求目标。

研究的对象和过程，从静态转入动态，国际上正在大力发展集采样、样品处理（制作）、自动检测分析和结果输出于一身的流程分析系统；发展现场和实时的研究手段；生命科学等复杂体系研究的瓶颈是缺乏灵敏、有效和快速的现场或实时的研究手段，解决这一问题的突破口在于发展新的检测原理和新的检测仪器。

二、仪器仪表的研制和生产趋向

1. 仪器仪表发展趋向系统工程化和全局化

进入21世纪后，科学仪器的概念将有质的突变，科学仪器已不再只是个别试验物理学、生物学或其他领域的科学，是获取试验数据或验证理论猜测的有效工具；科学仪器对全球高科技发展和经济发展、全球生态环境保护以及现代高科技战争胜负等方面起着决定性作用，在全球科技和经济一体化发展过程中起着不可估量的作用。

2. 仪器仪表成为现代高新技术的集成

随着计算机、激光、超导等高新技术在科学仪器中的广泛采用，科学仪器的性能得到不断的改进。科学仪器不但成为一种高技术新产品，而且利用新原理、新技术、新材料、新工艺等最新科技成果集成的新仪器层出不穷。例如：计算机技术和信息技术的广泛应用，已使仪器高度智能化，许多仪器已只用单键操作，用于空间开发的分析仪器甚至完全没有控制按钮。

3. 仪器仪表向微型化、芯片化发展

将仪器仪表的传感器及处理、控制和后续电路等都集成于芯片上的思想，称为微型化。

应用现代微制造技术（光、机、电）、纳米技术、计算机理论、仿生学原理、新材料等高新技术发展新型科学仪器成为主流，如微型全化学分析系统、微型实验室、生物芯片、芯片实验室等。如正在发展的芯片自动分析元件，它不仅有分析测试功能，还能执行分离、反应等操作。综合这些芯片的功能将组成微型的分析仪器，进而形成芯片实验室。现在用于基因组研究的器件包括微流量分配装置、微电泳仪、微聚合酶链式反应器（PCR仪）等。这些分离分析元器件可做在玻璃、熔石英或塑料上，大小犹如芯片，但具备某些传统分离、分析仪器的功能。

在微型元器件、微处理器高度发展的基础上，研究和开发小型、价廉而又准确可靠的家用和个人分析仪器有着广泛的市场前景。

4. 仪器仪表向智能化发展

智能化仪器就是以仪器代替过去只有靠人的智力才能做的工作。智能化主要是研究用计算机软件、硬件系统，模拟人类某些智能行为的基本理论、技术和方法。

智能化仪器仪表已不再局限于对被测量物进行简单的测量，它对信号的后续处理、分析显示及控制都有很高的要求，使仪器仪表的功能更加完善和拓宽了。

在一些重大科学前沿研究中，测试及研究手段成为重大复杂的科研工程，如大型天文望远镜、高能粒子加速器、航天遥感系统等，都是由诸多分系统集成，这些分系统都是由智能化高新技术装备起来的。

三、测试仪器网络化

利用计算机进行测量、计算、分析、显示是测量与计算机的结合，使仪器与计算机的概念已变得模糊。测试与通信、网络的结合，可实现远距离控制与传输，而且可实现测试硬件、软件、测试技术、经验及测试信息共享。可实现任何地点、任何时间、对测量信息进行远程访问。

仪器的自动化、智能化水平的提高，多台仪器联网已推广应用，虚拟仪器、三维多媒体等新技术的启用。通过 Internet 网，仪器用户之间可异地交换信息和浏览，厂商能直接与异地用户交流，能及时完成仪器故障诊断、用户维修或交换新仪器改进的资料数据、软件升级等工作。仪器操作过程更加简化，功能更换和扩张更加方便。网络化测试系统（仪器）是今后测试技术发展的必然。

第九章 培 训

高级技师应具有培训指导本职业初级工、中级工、高级工、技师的能力，提高他们的操作水平和理论知识水平。应能熟练掌握授课、考核等具体培训方法。

取得良好的培训效果的前提是：授课人应具有较宽的知识面，对本职业的专业知识要有深层次的理解，要能够很好运用授课的具体方式方法，而且最重要的是编写适用的讲义。

考核方式多种多样，应用最多的是笔试答卷。试卷的命题及构成，决定了考核范围和考核力度，是考核的中心环节。

一、培训讲义

授课培训应根据企业年度人员培训计划的安排进行，授课人应根据计划中所规定的培训项目、内容、培训类别等编写教学方案，讲义可以是教学方案的中心内容，也可以作为专业技术方面的论著，是受培训者学习的资料。因此讲义的内容必须正确、严谨，引用的标准、规程等必须为现行的有效版本，名词术语必须规范，应注意结合本企业的产品结构、工艺、设备的特点，语言应生动而精练，既能把原理阐述清楚又要通俗易懂，便于受培训者的理解和记忆。

讲义的内容还应具有先进性，通过讲义传授新技术、新材料、新工艺及本职业中科学技术的发展趋势等。同时讲义的内容还必须具有针对性，既能迅速有效地使受培训者提高技能水平，解决装配过程中出现的有一定代表性的问题，通常情况下一次授课只涉及一个问题或一个方面，并把这个问题彻底讲明白，要有一定的深度，不能肤浅地介绍。

讲义的内容可包括：课程描述、课程内容以及讲义的正文（包括文字和图表等），以下是一份授课培训讲义示例。

培 训 讲 义

1. 年度人员培训计划序号：2004—01
   培训项目：专业基础知识。
   培训课题：相敏整流放大电路及其应用。
   培训类别：在岗。
   受培人员类别及人数：中级工 20 人。
   培训课时：6 课时。
2. 课程描述
   通过培训使学员了解相敏整流放大电路的工作原理及其在接地电阻表中的具体应用。
3. 课程内容

相敏整流放大电路的特点和工作过程。

相敏整流放大器的装配。

相敏整流放大器与接地电阻表。

4. 讲义

相敏整流放大电路及其应用。

(1) 电路及其特点

晶体管半波差动相敏整流放大器电路如图9—1所示，其特点是输入信号和辅助电压同相或反相时均起放大作用，并且以输出电压正负极性来反映输入信号与辅助电压的相位关系。因为测量电压和相敏电压相位相同，所以同时也反映了输入信号与测量电压的相位关系。

图9—1中1、2两点为辅助电压输入端，3、4两点为信号输入端，5、6两点为相敏整流器输出端。

u_t——辅助电压；

u_i——输入信号；

u_{L1}——负载电阻R_{L1}上的电压降；

u_{L2}——负载电阻R_{L2}上的电压降；

u_o——输出电压。

(2) 工作过程

1) 输入信号为零时，辅助电压u_t经V1、V2整流后R_{j1}、R_{j2}分压，为晶体管VT提供一个直流工作点，使其工作于放大状态。同时辅助电压u_t的正半周在R_{L1}上产生一个正向的电压降u_{L1}，负半周在R_{L2}上产生一个负的电压降u_{L2}，它们都是单一方向的半波整流波形。由于电路两边参数对称、大小相等，方向相反于是

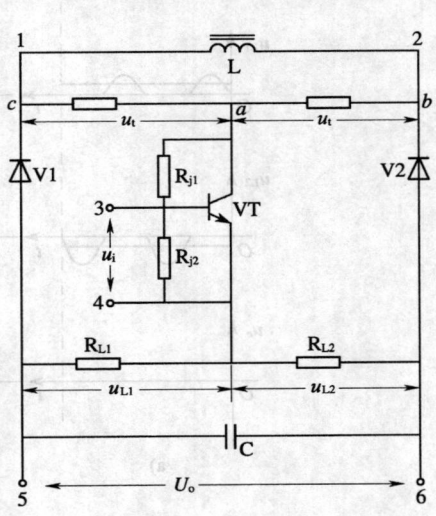

图9—1 相敏整流放大电路图

$$\bar{u}_o = \bar{u}_{L1} - \bar{u}_{L2} = 0$$

即输出电压为零。如图9—2a所示。

2) 当输入信号相位与辅助电压相位相同时，图9—1左边电路辅助电压是a正c负，此时如果输入信号u_i的极性是3接点为正4接点为负，则晶体管VT基极电流i_b增加，集电极电流i_c也增加，并流过V1和R_{L1}构成的回路，在R_{L1}上产生电压降u_{L1}，对右边电路来说，因辅助电压是b正a负，二极管V2截止，R_{L2}中没有电流，$U_{L2} \approx 0$，如图9—2b所示，因此

$$\bar{u}_o = \bar{u}_{L1} - \bar{u}_{L2} \approx \bar{u}_{L1}$$

极性是右正左负。

当辅助电压u_t为下半周时，a负c正，二极管V1截止，$u_{L1}=0$，右边电路虽然U_ta正b负，V2导通，但输入信号u_i反相4接点为正3接点为负，使三极管VT的i_b、u_c降低，i_b减小，i_c也减小并趋近于零，经过V2 R_{L2}回路的电流也越接近于零。于是$u_{L2} \approx 0$，从上述过程可知，当输入信号与辅助电压同相时，在一周期内输出电压是一个单方向的半波整流的波形，此时平均电压是正的。

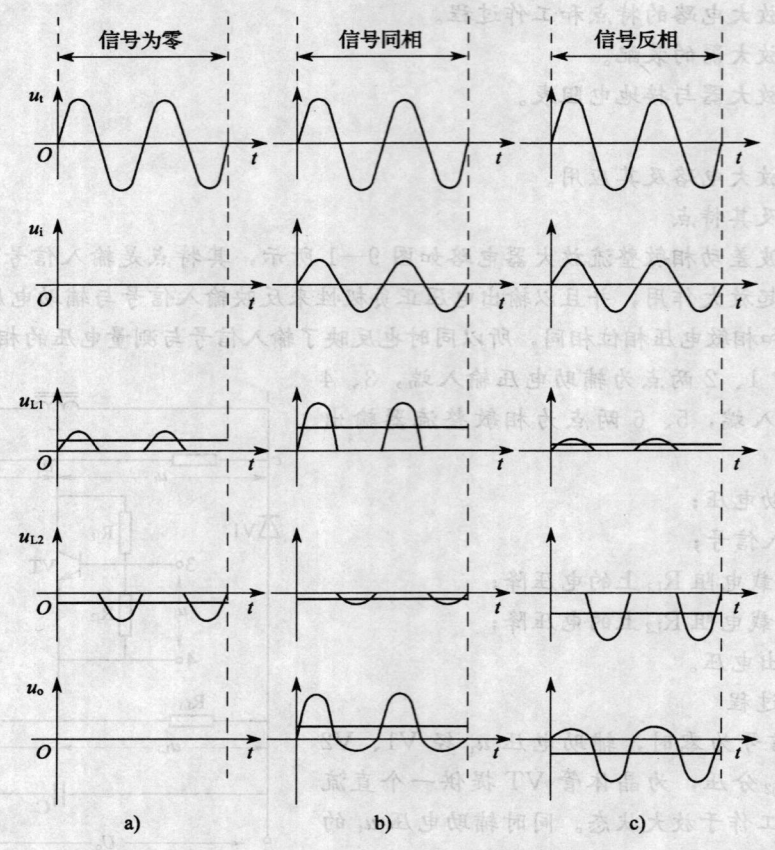

图 9—2 相敏整流波形图

3) 当辅助电压极性不变,输入信号与上述相反时,如图 9—2 所示,则 $u_{L1} \approx 0$,于是

$$\bar{u}_o = \bar{u}_{L1} - \bar{u}_{L2} = -\bar{u}_{L2}$$

输出电压是左正右负,其平均值为负。

由以上分析可知,这种电路的输出电压不但反映输入电压的大小,也反映输入信号的相位。它的另一个特点是输出电压 u_o 系由 u_{L1} 和 u_{L2} 两者的差值所决定,因此这种放大器通常称差动相敏放大器。

电容 C 在输出端的作用是减小输出电压的波纹系数。

(3) 相敏整流放大电路在接地电阻表中的应用

1) 接地电阻及其测量。为了将电气设备对外壳的漏泄电流泄放入地,需要在土壤中埋设金属导体(接地体),将电气设备的外壳或其他部位用导线(接地线)与接地体连接称为接地。接地体与接地线的总和称为接地装置。

接地是电气安全技术中极其重要的环节,接地装置的结构方式是否合理,接地电阻值是否符合标准要求,不仅关系到电力系统能否正常运行,也直接关系到人身的安全。

接地装置按其作用可分为保护接地和工作接地两种。

接地体的对地电压与经过接地体流入大地中电流之比称为散流电阻。对地电压指电气设备的接地点与大地零电位之间的电位差,接地电阻实际上就是散流电阻。就整个接地装置而

言，接地电阻是由接地导线的电阻与散流电阻之和所构成，但由于接地导线的电阻远小于散流电阻，故可忽略不计，因此有

$$R_{地}=\frac{U_{地}}{I_{地}}$$

式中　$R_{地}$——接地电阻；
　　　$U_{地}$——对地电压；
　　　$I_{地}$——经接地装置流入大地的电流。

接地电阻的阻值最好为零，但一般情况很难实现，只是令接地电阻值尽可能地小。为了保证设备和人身的安全，相关标准中对接地电阻的阻值都有明确的规定，要求其不得大于某一数值。例如避雷装置的接地电阻不得大于4Ω，发电厂、变电站网状接地装置的接地电阻不得大于0.5Ω等。

接地装置的接地电阻大小与接地装置的结构有关（例如网状、棒状等），还与土壤电阻率、气候条件、季节变化有关，因此接地电阻必须定期进行检测，接地电阻表就是检测接地电阻的常用测量仪表。

2) 接地电阻表的工作原理图如图9—3所示。

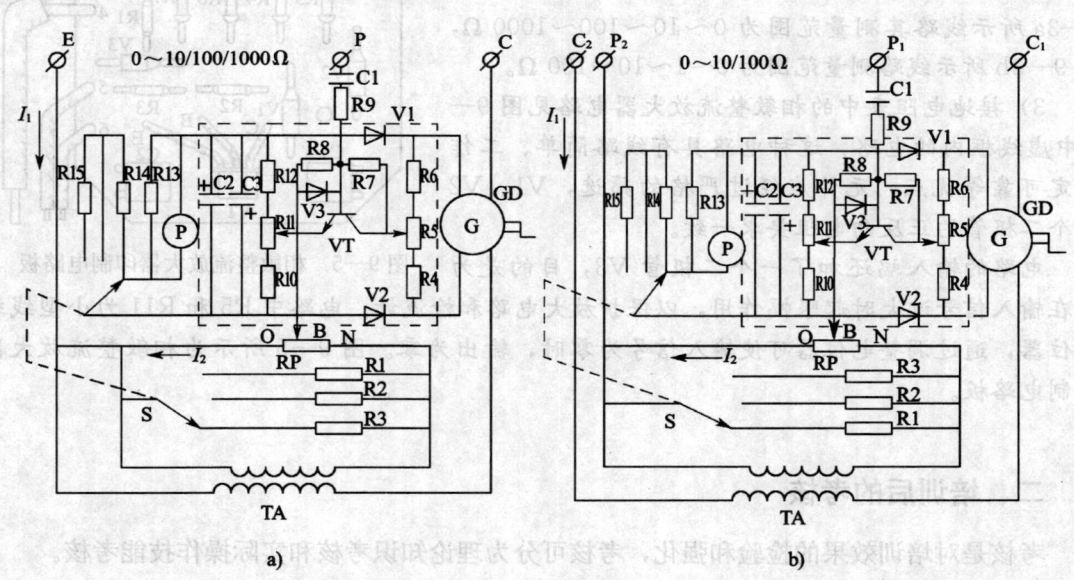

图9—3　接地电阻表工作原理图

GD为手摇交流发电机，TA为电流互感器，RP为电位器，P为检流计，虚线框内为相敏整流放大器。

在测量设备接地电阻时仪表端钮的正确接法是E或C_2、P_2连接于接地极E'，端钮P或P_1连接于打入土壤中的电位探测针P'，端钮C或C_1连接于打入土壤中的另一个探测针C'，如图9—4所示。

由图9—3可见，这种接地电阻表，主要由手

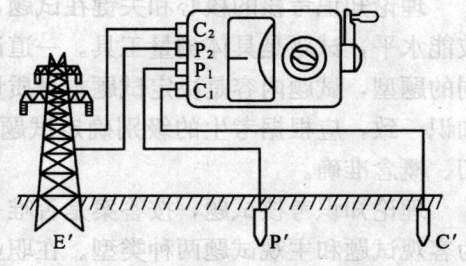

图9—4　接地电阻表的使用

摇发电机、电流互感器、电位器、检流计及相敏整流放大器组成。当手摇发电机手柄以120 r/min转速摇转时，可产生100 Hz以上的交流电流I_1，电流I_1从发电机经电流互感器的一次绕组到接地端钮E'，然后从电流探测针C'回到发电机。电流I_1流过电流互感器时在二次绕组产生电流I_2，I_2流过RP形成电压。当检流计P不指零时，可调整触点B的位置使其达到平衡，这时E（或C_2P_2）和P（或P_1）间的电位差与电位器RP的O和B间的电位差是相等的，使标度盘与电位同轴、同步移动。于是在每一个平衡位置都可有一个相应的读数N，设标度尺的满刻度为10，则有

$$I_1 R_x = I_2 R'_P \ (N/10)$$
$$R_x = (I_2/I_1) R'_P \ (N/10)$$

式中　R_x——被测接地电阻；

　　　I_2/I_1——电流互感器的电流比；

　　　R'_P——RP与R1、R2、R3的并联等效电阻。

由于I_2/I_1和R'_P均为已知，N即可反映出被测接地电阻的阻值。改变R'_P的阻值（即切换与RP并联的电阻R1、R2、R3）可以得到不同的量限，如图9—3a所示线路其测量范围为0～10～100～1000 Ω，图9—3b所示线路测量范围为0～1～10～100 Ω。

3) 接地电阻表中的相敏整流放大器电路见图9—3中虚线框内的电路，这种电路具有线路简单、工作稳定可靠等优点，元件应经过严格的筛选，V1、V2两个二极管的正反向电阻要求一致。

电路的输入端还加了一个二极管V3，目的是为了在输入信号过大时起限幅作用，以保护放大电路和检流计。电路中R5和R11为小型线绕电位器，通过调整电位器可使输入信号为零时，输出为零。图9—5所示为相敏整流放大器印制电路板。

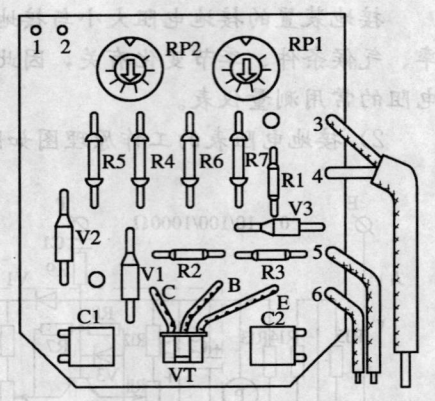

图9—5　相敏整流放大器印制电路板

二、培训后的考核

考核是对培训效果的检验和强化，考核可分为理论知识考核和实际操作技能考核。

1. 理论知识考核

（1）理论知识考核试题

理论知识考核的核心和关键在试题，运用试题通过探查考生的行为反应来衡量其知识与技能水平，试题是具体测量工具。一道试题有其形式及内容两个侧面，在形式上，试题有不同的题型，试题内容是决定试题本身质量高低的主要因素，试题的内容应与要求考生掌握的知识一致，应根据考生的级别确定试题的难易程度。就文字而言试题应表述清楚、提问确切、概念准确。

理论知识考核试题，按答案是否唯一，评分者的主观意愿能否影响评分等因素，可划分为客观试题和主观试题两种类型。在职业技能知识考核中，重点是要考查在生产实际中的动手操作技能，专业技术知识的重点是知识的必备性。所以知识考核应多采用客观题来探查受

培训者的知识水平,而尽量少采用主观题,特别是长篇大论才能回答完毕的试题,在生产实际中作用不大,应避免在技术知识考核中运用。

常规知识试题的题型有填空、选择、判断、简答、计算、论述、绘图等,在一份试卷中各种题型应有不同的配分。知识试题的题型与配分见表9—1。

表9—1　　　　　　　　　　　知识试题题型与配分

题型名称	配分标准	题型名称	配分标准
填空	2	计算	3～7
选择	1.5～2	论述	10
判断	1～2	绘图	10
简答	4～6		

(2) 理论考核各种题型的命题要求

1) 填空题每题只设一空,用"_____"表示,句尾用句号。

例如,基尔霍夫第一定律又称为_____定律。

如评分标准为每题2分,回答与标准答案一致或意义相符给2分,错答漏答均不给分。

2) 选择题正文一律采用"四选一"题型,即备选答案共有四个,其中仅有一个是正确的。题干部分可采用不完全陈述句或一般空缺句,空缺的部分用"(　　)"表示。备选项号码用英文大写字母表示,并用"(　　)"圈起。

例如,应选用(　　)来精确测量0.1Ω电阻。

(A) 单臂电桥　(B) 双臂电桥　(C) 指针或万用表　(D) 4½位数字万用表

3) 判断题正文一律采用完全陈述句,句尾用句号。

例如,用双臂电桥可以精确测量0.1Ω电阻。……………………………(　　)

答案用"√""×"填写。

4) 简答题命题时应将问题陈述清楚、明确,要求考生作答的内容应简练、确切。

5) 计算题命题给出的计算要求明确,所给出的已知条件、参数、数据、单位必须完整无误。

6) 论述题的基本要求与简答题相近,同时要求有明确的"论"和"述"的解答要求。

7) 绘图题在命题时应有明确的绘图条件和绘图要求,包括对绘图所使用的工具、图样的大小、绘图时间等均要有具体说明。

上述要求进行命题、编排试卷主要针对命题形式而言,更重要的是命题内容要多方位地对培训效果进行检验,同时要使受培训者积累了参加职业技能等级鉴定的经验。

2. 技能考核

技能试题应根据具体考核内容与特点进行编制,考核内容必须是与生产密切相关的,必须与考生的等级相吻合的,过难或过易都达不到预期的考核目的。

技能试题在编写格式上应包括:

(1) 试题

(2) 具体的技术要求

包括图样、零部件、元器件明细表等。

(3) 考场提供的设备、工具
(4) 考生应自备的工具
如所需工具数量较多和需要特殊工具时，应在考前通知考生。
(5) 考试时间
(6) 评分标准

由于职业、工种不同，技能试题的内容差异很大，考核的实施方式也各有所异，因而题型也不相同。从考核评定的着眼点划分，可分为过程型、结果型和混合型三类。过程型试题重点考核操作过程的正确性；结果型试题重点考核操作结果的正确性；混合型是上述两种题型的综合。如果按考核方式、场地、操作内容来划分题型，则有现场考核型、典型作业型和模拟作业型等。